Typenatlas Unimog

UNIMOG

1946 bis 2021

Carl-Heinz Vogler

GeraMond

INHALT

Vom Prototypen bis zum heutigen Unimog 5023

Weltweit kennen wir nur wenige Nutzfahrzeuge, die es schon während ihrer Einsatzzeit geschafft haben, zur Legende zu werden. Und es gibt so gut wie kein Nutzfahrzeug, für das ein Museum mit jährlich über 45.000 Besuchern – das Unimog-Museum in Gaggenau – geschaffen wurde. Entwickelt wurde der Ur-Unimog ab 1945 von hochkarätigen Flugmotoren-Ingenieuren und engagierten Menschen in einer Zeit, die von Nachkriegsproblemen wie fehlenden Arbeitsplätzen und Versorgungsnöten unter der Bevölkerung geprägt war. Der Unimog, mit 34 Baureihen (… 38 incl. der MB-trac) und über 300 Baumustern, feiert im Oktober 2021 seinen 75. Geburtstag. Das ist für Mercedes-Benz, das Unimog Museum und die weltweiten Fans während vieler geplanter Veranstaltungen Anlass zur Würdigungen dieses »Universalmotorgeräts«. Von den Anfängen 1946 in den schwäbischen Städten Schwäbisch Gmünd und Göppingen über Gaggenau von 1951 bis zur neuen Heimstatt ab 2002 in Wörth am Rhein wurden bis heute ca. 400.000 Unimog gebaut. Während dieser Zeit stieg das Leistungsvolumen der Unimog Motoren von 25 PS bis auf über 300 PS. Im diesem überarbeiteten Unimog-Buch werden vom Prototypen U 1 bis zum hochmodernen Unimog der Klasse UHE – wie zum Beispiele dem Typ U 5023 – alle gebauten Unimog aufgeführt. Die Darstellung »Evolutionsgeschichte des Unimog« auf dieser Seite unten, zeigt wichtige Schritte der Ära-Unimog/MB-trac ab 1946 bis heute.

Viel Spaß beim Lesen
Carl-Heinz Vogler

Die Evolutionsgeschichte des Unimog

Die Wiege des Unimog stand in Schwäbisch Gmünd. Eine Ära-bezogene Evolutionsdarstellung zeigt den Aufstieg des Ur-Unimog bis zum heutigen Hightech Unimog UGE und UHE.

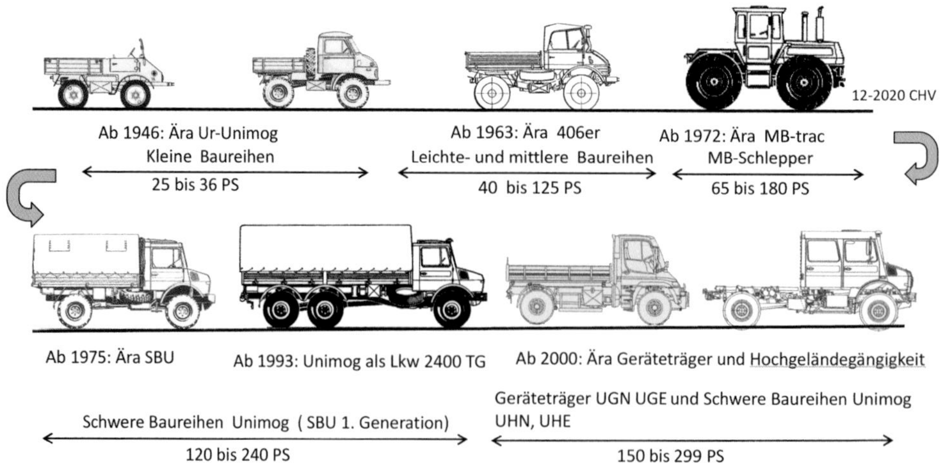

Zur Erinnerung an die erfolgreiche Unimog-Produktionszeit von 1951 bis 2002 im Werk Gaggenau.

Unimog-Produktionsband im Jahr 1979. Das Band wurde 1974 vom Quer- zum leistungsstärkeren Längstransport umgebaut. Vorne auf dem Band die Baureihe 416 und dahinter ein Unimog der »Schweren Baureihe«. Von der Baureihe 416 wurden über 45 500 Einheiten gebaut.

Die Daimler AG in Gaggenau

Der weltweit älteste Standort der Automobilproduktion

1963: Die Unimog-Produktionsstätte in Gaggenau; die Pfeile verwiesen auf die Unimog-Bereiche.

Das traditionsreiche Werk in Gaggenau wurde 1894 gegründet und ist somit das älteste Automobilwerk der Welt. Zwischen 1894 und 1911 hatte das Werk wechselnde Bezeichnungen wie Bergmanns Industriewerke, Süddeutsche Automobilfabrik und ab 1911 Benz-Werke Gaggenau.

In Gaggenau produzierte man Lastwagen, Personenwagen, Omnibusse und sogar Bootsmotoren. Durch die Fusion der Benz & Cie. mit der Daimler Motoren-Gesellschaft im Jahr 1926 fiel Gaggenau die zentrale Rolle beim Nutzfahrzeugbau innerhalb der neuen Daimler-Benz AG zu. Nicht zuletzt begann Gaggenau im Jahr 1951 mit der Produktion des Unimog, der es bereits im ersten Produktionsjahr mit der Baureihe 2010 auf eine beachtliche Stückzahl von 1005 Fahrzeugen brachte.

Die Werke in Gaggenau und Mannheim stießen zunehmend an die Grenzen ihrer Kapazität. So kam es 1964 zur Entscheidung, die Produktion aller mittleren und schweren Lkw im neuen Werk in Wörth am Rhein zusammenzufassen. Dessen Eröffnung fand 1965 statt und bedeutete für Gaggenau langfristig die Konzentration auf Unimog sowie Lkw-Achsen, Lkw- und Pkw-Getriebe, Umformtechnik und Pkw-Wandler.

Im Jahr 2002 folgte der Unimog auch diesem Schritt und zog ebenfalls nach Wörth am Rhein um. Zu Spitzenzeiten, also Mitte der 1970er-Jahre, hatte die Daimler-Benz AG in Gaggenau etwa 12000 Mitarbeiter, heute sind es ungefähr 7000 Mitarbeiter. Bis zum Jahr 2021 werden weltweit ungefähr 400.000 Fahrzeuge vom Typ Unimog gebaut worden sein.

Unimog-Jubiläen

1951	1000ster Unimog	(U 2010)
1955	10000ster Unimog	(U 401)
1961	50000ster Unimog	(U 411)
1966	100000ster Unimog	(U 421)
1971	150000ster Unimog	(U 421)
1977	200000ster Unimog	(U 1000)
1994	300000ster Unimog	(U 1650)

Umzug 2002 ins Werk Wörth

Das Lkw-Montagewerk der Daimler AG in Wörth am Rhein gehört zum Geschäftsfeld Daimler Truck AG und ist das größte Lkw-Werk Europas. Das in Rheinland-Pfalz direkt am Rhein liegende Werk hat eine Grundfläche von ca. 400 Fußballfeldern. Die Tagesproduktion liegt bei über 500 Fahrzeugen. Fast 11.000 Mitarbeiter arbeiten in diesem Werk, das Luftlinie 10 Kilometer westlich von Karlsruhe liegt.

In Wörth werden folgende Mercedes-Benz-Lkw hergestellt:

- Actros: schwere Lkw-Klasse für den Einsatz im Fernverkehr und im Bauverkehr
- Arocs: schwere Lkw-Klasse für den Einsatz im Baugewerbe
- Atego: Lkw für Verteilerverkehr in der Stadt
- Antos: Lkw-Sattelzug- und Pritschenwagen für den Einsatz im schweren Verteilerverkehr
- Econic: Lkw für Kommunal-, Sammel- und Verteilerverkehr
- Unimog: Hochgeländegängige Unimog und Unimog-Geräteträger
- Zetros: hochgeländegängiger, schwerer Lkw

Econic, Unimog und Zetros gehören zum Produktbereich Sonderfahrzeuge

Umzug 2002 aus Gaggenau mit 6.000 Tonnen Unimog-Inventar

2002 zog der Produktbereich Unimog von Gaggenau in das Lkw-Werk im 44 Kilometer entfernten Wörth. Mit an Bord waren 6.000 Tonnen Inventar, das auf fast 500 Lkw-Ladungen über den Rhein gefahren wurde. Diese Ladungen beinhalteten über 35.000 Einzelartikel sowie vormontierte Kabinen. Erfreulich dabei war auch, dass eine große Anzahl der Mitarbeiter den Weg nach Wörth fanden. Der Vertrieb, der kaufmännische Bereich und der Unimog-Versuch folgten ein Jahr später. »In Wörth hat sich der Produktbereich Unimog in die Strukturen des Lkw-Werks mit dem Geschäftsbereich als Profit-Center bestens integriert«, so der ehemalige Unimog-Chef Hans-Jürgen Wischhof.

Einer der erste Unimog der Baureihe 405 UGN aus Wörth, bei einer Testfahrt im Versuchsgelände Ötigheim

Unimog-Pioniere

Es ist an dieser Stelle nicht möglich, alle verdienstvollen Unimog-Pioniere aufzulisten, denn Ende der 1940er-Jahre waren es viele, die am Entstehen des Unimog aktiv mitwirkten, und sie alle waren irgendwie Pioniere. Die hier abgebildeten Personen sind unter anerkannten Historikern die meistgenannten Pioniere.

Albert Friedrich
(1902–1961)
Geistiger Vater des Unimog, Technischer Leiter Unimog bei Erhard & Söhne und von 1951 bis 1958 in Gaggenau; danach bei Lanz in Mannheim.

Heinrich Rößler
(1911–1991)
Ab Januar 1946 Chefkonstrukteur des Unimog an den Standorten Schwäbisch-Gmünd, Göppingen und Gaggenau bis 1976. Er setzte das einzigartige Unimog-Konzept um.

Hans Zabel
(1904–1987)
Als Chef des Vertriebs baute er mit Erich Grass und Manfred Florus die Vertriebsorganisation auf. Er ist Namensgeber des Unimog.

Christian Dietrich
(1909–1983)
Ab Juni 1946 Leiter des Unimog- Versuch und Leiter Kundendienst bei Erhard & Söhne, Boehringer und anfangs auch in Gaggenau. Auf Fotos meist nur mit Hut abgebildet.

Pioniere und Zeitzeugen, die sich heute sehr um die Geschichte des Unimog kümmern: Manfred Florus (2017 verstorben), Hans-Jürgen Wischhof, Mustafa Koluman, Roland Feix (von links); im Hintergrund ein Boehringer-Unimog.

Das Unimog-Konzept

Einer der ersten Schritte zum Unimog, den Albert Friedrich unternahm, war das Erstellen eines Konzeptplans mit Zieldefinitionen. Es war das sogenannte »Unimog-Konzept«, ein Basisdokument, aus dem dann die Zeichnungen und etwas später die Unimog-Patentschrift erstellt wurden. Bemerkenswert dabei ist, dass viele Details aus diesem weitsichtigen Konzept Jahrzehnte überdauert haben. Natürlich braucht man heute andere Geschwindigkeiten beziehungsweise höhere Leistungen, und kein Mensch verlangt mehr nach einer seitlichen Riemenscheibe.

Nr.	Konzeptdetails
1	Geschwindigkeit von 1 bis 55 km/h
2	Schraubengefederte Portalachsen
3	Allrad mit Differentialsperren
4	Vier gleich große Räder
5	Trommelbremsen an Vorder- und Hinterrädern
6	Robuster Leiterrahmen
7	Zweisitziges Fahrerhaus mit Klappverdeck und Sichtkanal nach vorne und hinten
8	Pritsche mit 1,5 m^2 und Tragfähigkeit von 1000 kg
9	Gewichtsverteilung: 2/3 auf der Vorderachse, 1/3 auf der Hinterachse
10	Drei Anbauräume
11	ZW-Anschlüsse vorne und hinten, in der Mitte eine Riemenscheibe
12	Antriebswellen zu den Achsen in geschützten Schubrohren

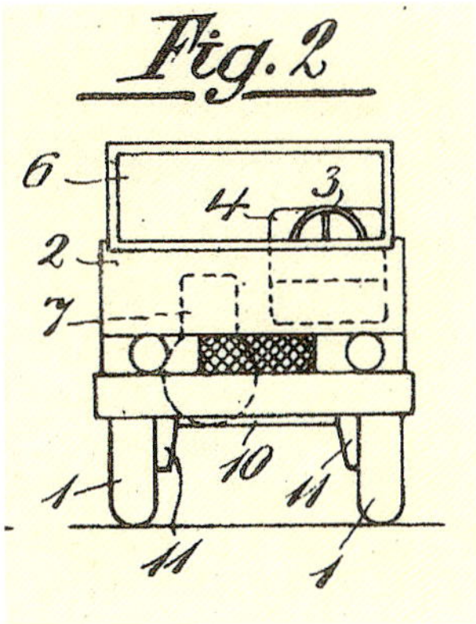

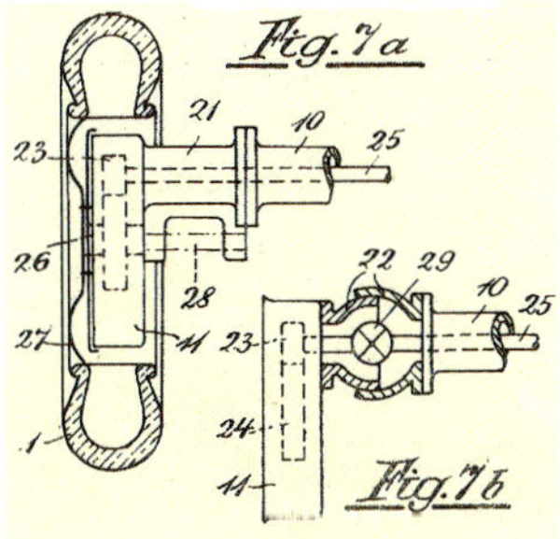

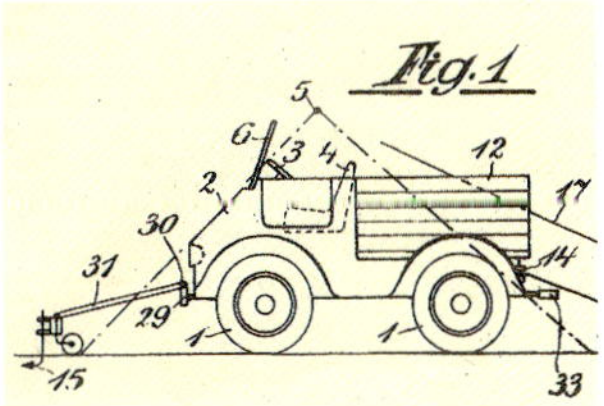

Einzelne Detailfiguren für die Unimog-Patentschrift, entstanden aus der Konzeptfindung

Zwischen beiden Fahrzeugen liegen 40 Jahre

Boehringer-Unimog

U 417

Baureihen und Baumuster

Wie die DNA beim Menschen, so hat auch der Unimog Paramater zur Identifizierung. Während die Baureihe grundsätzlich vorgibt, um welchen Typ es sich handelt, ist das Baumuster (BM) für die Typenvariante wie zum Beispiel Radstand, Fahrerhaustyp und Motorleistung zuständig. Weitere wichtige Bezeichnungen sind die Fahrgestell-Endnummern (alte Typen) und die Fahrzeug-Identifizierungsnummern (FIN). Ab 1981 wurden die internationalen FIN-Nummern (bei Daimler-Benz WDB) eingeführt: Die Fahrzeug-Identifizierungsnummer (FIN) entspricht unter Berücksichtigung internationaler Angleichungen der vormaligen Fahrgestellnummer und wird umgangssprachlich auch heute noch so genannt. FIN ist die international genormte, 17-stellige Seriennummer, mit der ein Fahrzeug eindeutig identifizierbar ist.

Die FIN-Nummer bzw. WDB bei einem Unimog der Baureihe 435, Baumuster 435.115, Unimog Typ U1300L

Baureihe*	Produktion	PS-Klasse
Prototypen U1–U6**	1945 bis 1948	25
70200 Boehringer	1948 bis 1951	25
2010	1951 bis 1953	25
401	1953 bis 1956	25
402	1953 bis 1956	25
404.1/404.0	1955 bis 1980	75 bis 110
405 (SH+T)	1958 bis 1961	90 bis 95
411, a, b, c	1956 bis 1974	25 bis 36
406	1963 bis 1989	65 bis 100
403	1966 bis 1988	54 bis 72
421	1966 bis 1989	40 bis 60
431	1969 bis 1971	65
416	1965 bis 1989	80 bis 125
426	1968 bis 1976	90, 100
413	1969 bis 1988	75, 80
419	1986 bis 1991	100
407	1988 bis 1993	52, 60
417	1988 bis 1993	75 bis 125
408/418	1993 bis 1998	88 bis 140

Baureihe	Produktion	PS-Klasse
425	1975 bis 1988	120, 150
435	1975 bis 1993	130 bis 168
436	seit 1987	130 bis 170
424	1976 bis 1989	95 bis 150
427	1988 bis 2003	102 bis 204
437.1	1988 bis 2003	136 bis 240
405 UGN	2000 bis 2015	150 bis 279
437.4 UHN	2001 bis 2014	156, 218
405 U 20	2007 bis 2015	150 bis 177
405 UGE	seit 2013	156 bis 299
437.4 UHE	seit 2014	231, 299
Fahrgestell Dingo	seit 2001	218, 306

* UX 100, UR 416, UT 90 und 4x MB-trac nicht aufgeführt
**U1 bis U4 bei Erhardt & Söhne und U5, U6 bei Boehringer gebaut.

Unimog-Prototypen 1946–1948

Erstes Fahrgestell im Oktober 1946

Prüfungsfahrt mit dem Kennzeichen W-B 14-1010 (oben)

Mit dem U1-Fahrgestell auf Prüfungsfahrt (links)

Albert Friedrich befand sich ab Mitte 1945 mit seinen Ideen und Visionen in einer Konzeptfindungsphase, aus der er bereits konkrete Skizzen ableitete. Ab August wurden auf Reißbrettern seine Skizzen und Lastenhefte zu bemaßten Zeichnungen umfunktioniert. Arbeiten, die für die Bauteilebeschaffung und Herstellung von höchster Priorität waren. Im Herbst 1945 bekam Friedrich von der amerikanischen Militärbehörde die sogenannte »Production Order«, also eine Genehmigung zum Bau von zehn Fahrzeugen. Das war der Startschuss zu offiziellen Entwicklungsarbeiten, die im Dezember 1945 bei Erhard & Söhne begannen. Der spätere Chefkonstrukteur Heinrich Rößler, der Anfang 1946 zum Team stieß, setzte das revolutionäre Konzept Punkt für Punkt um und brachte auch eigene Ideen ein.

Beim Ur-Unimog ist schon viel von seinem späteren Design zu erkennen.

Bereits im Oktober 1946 führten Heinrich Rößler, Karl Rank und Hans Zabel (siehe Bild oben) ein fahrfertiges Fahrgestell außerhalb der Montagehalle von Erhard & Söhne unter dem Applaus der Mitarbeiter vor. Als Motorisierung diente bei diesem sowie bei den nächsten Prototypen (U 1 bis U 4) ein Benzinmotor (M 136) von Daimler-Benz. Rößler drückte nach diesem ersten Teilerfolg aufs Tempo und wollte unbedingt schnell ein Fahrerhaus und eine Pritsche aufsetzen. Die größte Herausforderung war aber die Materialbeschaffung. In Stuttgart wurde bei der Daimler-Benz AG zu diesem Zeitpunkt der neu entwickelte OM 636.912 vorgestellt, und den wollte Rößler haben. Diese brisante Zusage erfolgte aber erst im Frühsommer 1947.

ZF-Vierganggetriebe aus Augsburg

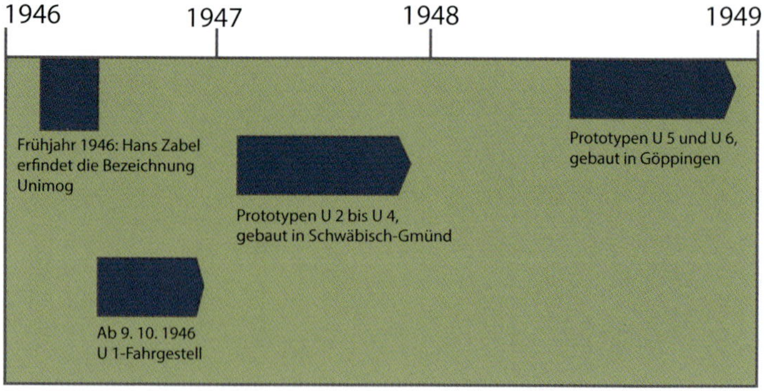

Entwicklungsachse der Unimog-Prototypen (rechts)

Gekreuzte Sicke auf der Motorhaube

Drahteinlage in den Kotflügeln

Steckbrief des Unimog-Prototyps

- Unimog-Erfinder: Albert Friedrich; Chefkonstrukteur: Heinrich Rößler
- Zeitlicher Ablauf: siehe Grafik oben und Grafik Seite 19
- Erstes Fahrgestell des U 1 am 9. Oktober 1946 fertig
- Prototypen U1 bis U 4 in Schwäbisch-Gmünd (Erhard & Söhne) gebaut
- Prototypen anfangs Mercedes Benzin-Motor, Typ M 136
- U 5 und U 6, bereits mit dem Diesel OM 636, wurden bei Boehringer zusammengebaut
- 25 PS, Motor OM 636/I-U, BM: 636.912, Bohrung/Hub 73,5/100 mm, 1697 cm^3
- Scheinwerfer hinter dem roten Kühlergrill, Drahteinlage in den Kotflügeln vorne
- Alle Fahrzeuge offen und mit kurzem Radstand 1720 mm
- Zylindrische Naben (identisch mit den Boehringer-Naben)
- Auf der Motorhaube eine gekreuzte Sicke mit Ochsenkopf
- Mit ZF-Vierganggetriebe
- An jedem Prototyp wurden Details leicht verändert
- Frontscheibe und Türen stammen vom Horch-Kübelwagen Typ 901 von 1941
- Standort des U 5: Deutsches Landwirtschaftsmuseum in Hohenheim
- Standort des U 6: Unimog-Museum Gaggenau
- Über den Verbleib der Prototypen U 1 bis U 4 ist nichts bekannt

Fahrgestell der Prototypen U 5 bzw. U 6

Der Prototyp U 5 in Hohenheim

Der U 5 mit Mörtl-Mähwerk

Der U 5 nach seiner Generalüberholung in Gaggenau

Der U 5 Im Jahr 1948

Der im Herbst 1948 gebaute Prototyp U 5 ist weltweit der älteste noch existierende Unimog. Genau genommen trennen ihn vier Wochen vom Prototyp U 6 (siehe Seite 16). Ausgestellt ist der Prototyp im Deutschen Landwirtschaftsmuseum in Stuttgart-Hohenheim. Der U 5 wurde Ende der 1990er-Jahren im Unimog-Versuch in Gaggenau von den Unimog-Legenden Manfred Florus und Heinz Schnepf einer Generalüberholung unterzogen. Viele der Bauteile wurden zerlegt und gänzlich neu aufgebaut. Außer der Lackierung ist fast alles überholt worden. Ab 2007 stand der U 5 für einige Jahre als sogenannte Starthilfe im Unimog-Museum. Inzwischen hat diesen Platz der »hauseigene« Prototyp U 6 eingenommen.

U 5 mit dem Dieselmotor OM 636.912

Erste Probefahrt im Jahr 2001 nach der Generalüberholung mit den Unimog-Legenden Heinz Schnepf am Steuer und Manfred Florus

Der Prototyp U 6 im Unimog-Museum

Die Scheinwerfer sind versteckt.

Nur im Museum ohne Türen

Eine kurze Ackerschiene

Zugegeben, der Unimog-Prototyp Nr. 6 wirkt mit dem grünen und leicht glänzenden Lack etwas überrestauriert. Er sieht aus, als wäre er erst gestern aus der Fabrik gefahren. Wichtig ist aber, dass er den Besuchern des Museums bestens gefällt und dass er in fast allen Punkten original restauriert wurde. Der U 6, Baujahr 1948, stand vor seiner Restaurierung in den 1990er-Jahren in Köln viele Jahre bei einem Oldtimerfreund in Amtzell/Allgäu, der nicht ahnte, welche Rarität sich da in seinem Schuppen befand. Erst ein Kölner Unimog-Freund erkannte dies und kaufte den Scheunenfund. Nach einem weiteren Besitzerwechsel gehört das Fahrzeug heute Mercedes-Benz und das Unimog-Museum darf es als Dauerleihgabe ausstellen.

Boehringer-Unimog

Die »Blaue Mauritius« unter den Unimog

Eines der ersten Unimog-Prospekte

Mit diesem Prototyp Nr. 5 wagte man sich 1948 zur DLG. Heute steht er im Landwirtschaftlichen Museum in Hohenheim.

Bei den Gebr. Boehringer glänzte auf der Motorhaube dieses Ochsenkopf-Kraftsymbol.

Der Umzug ab Januar 1948 war für das Unimog-Management in den beiden Werken bei Erhard & Söhne in Schwäbisch Gmünd und bei den Gebr. Boehringer in Göppingen eine organisatorische und logistische Meisterleistung. Im Sommer 1948, zum Zeitpunkt der Währungsreform, lieferte Erhard & Söhne Teile für die späteren Diesel-Prototypen U 5 und U 6 zu Boehringer nach Göppingen, und dort begann unter schwierigen Bedingungen der Bau des Unimog. Es konnte also losgehen! Bis zur DLG im August 1948 gelang es, die ersten zwei Fahrzeuge messefertig zu machen. Man geht heute davon aus, dass dies die Prototypen U 5 und U 6 waren. Von dieser DLG nahmen Albert Friedrich und Heinrich Rößler über 150 Bestellungen mit nach Göppingen. Und am 21.11.1948 konnten die Urkunden zur Patenschrift in München voller Stolz in Empfang genommen werden. Kurz danach, im Dezember 1948, kam es zur Gründung der Unimog-Entwicklungsgesellschaft mit Rolf Boehringer, Heinz Erhard, Wolfgang Boehringer, Franz Catta, Eduard Köhler und Albert Friedrich. Der Beginn der Vorserienproduktion, durch die DLG-Bestellungen stark beflügelt, verzögerte sich jedoch bis zum Februar 1949 immer wieder. Danach wagte man sich in Göppingen an die 100 Vorserienfahrzeuge (VS1)*. Die Hauptserie begann im Herbst 1949 und endete im 9. März 1951. Diese 600 Fahrzeuge bekamen die Verkaufsbezeichnung 70.200. In der Unimog-Szene heißen Fahrzeuge dieser Serie liebevoll »der Boehringer«. Heute gibt es in der Unimog-Szene von dieser »Blauen Mauritius« nur noch ganze 100 bis 120 Fahrzeuge.

Boehringer-Vorserie mit der Nummer 00011 vom März 1949 mit verdeckten Scheinwerfern und Mörtl-Mähwerk

* Bei den Vorserienfahrzeugen gibt es unterschiedliche Angaben. Nach einem internen Protokoll gab es ein VS2 mit weiteren 100 Vorserienfahrzeugen. In der Summe blieb es aber bei 600 Fahrzeugen. Neuere Untersuchungen gehen von 602 Fahrzeugen aus.

Direkt vom Reißbrett: Unimog und Getriebefunktion

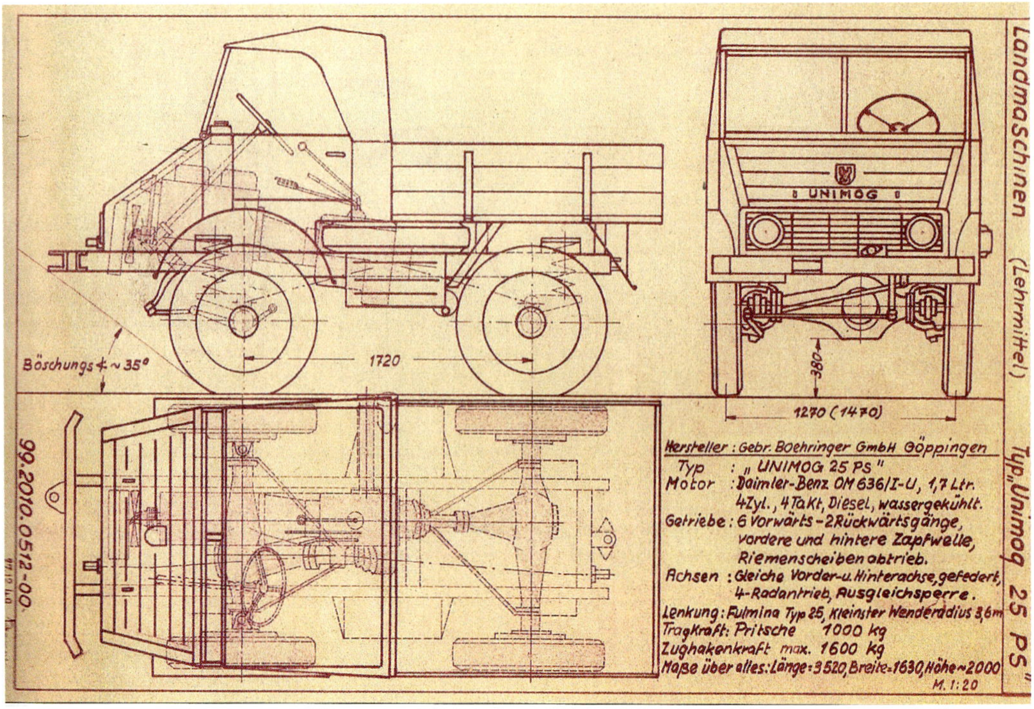

Bemaßung Unimog 25 PS, Gebr. Boehringer; Zeichnungs-Nummer: 99.2010.0512-00

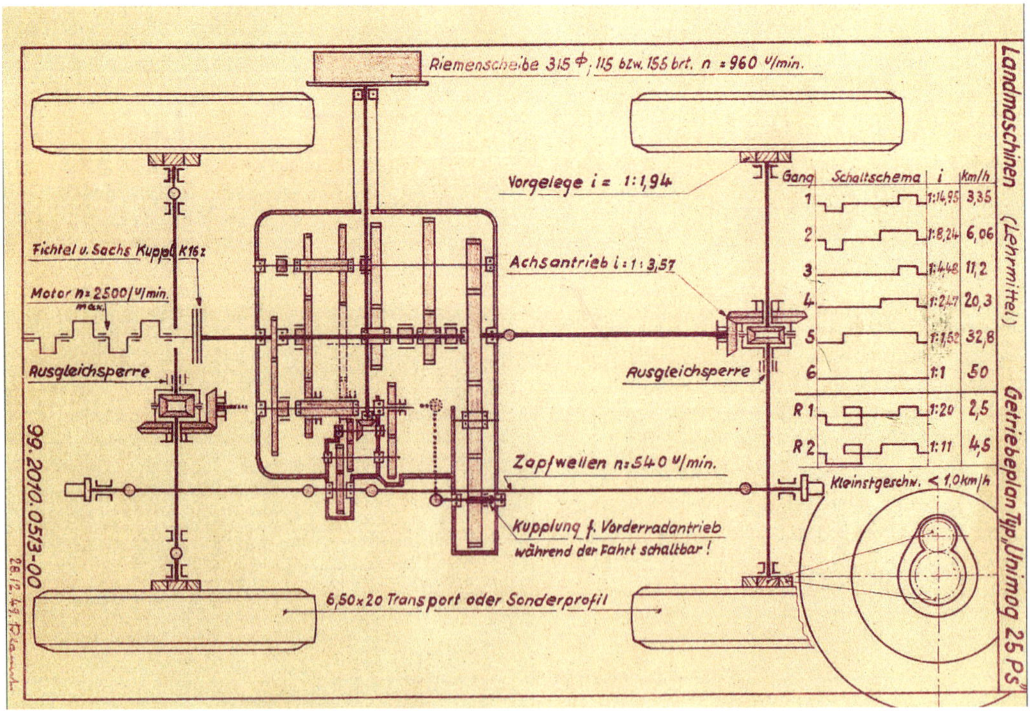

Getriebeplan Typ Unimog 25 PS vom 28. 11. 1949; Zeichnungs-Nummer: 99.2010.0513-00

Zeitleiste: vom Prototypen U 70.200 bis zum U 2010

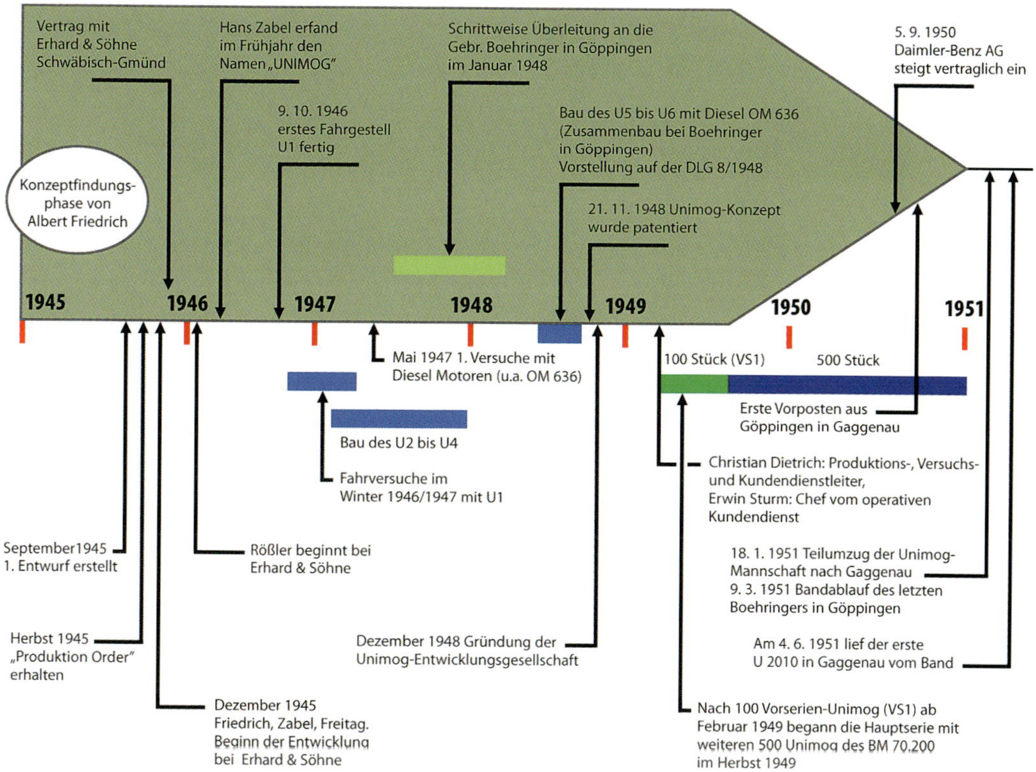

So sehen unrestaurierte Boehringer-Unimog nach 60 Jahren aus.

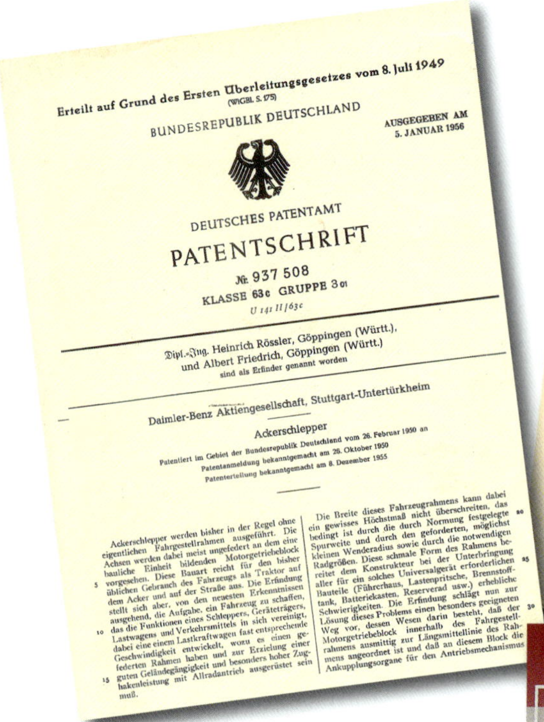

Erteilt auf Grund des Ersten Überleitungsgesetzes vom 8. Juli 1949
(WiGBl. S. 175)

BUNDESREPUBLIK DEUTSCHLAND

AUSGEGEBEN AM
5. JANUAR 1956

DEUTSCHES PATENTAMT

PATENTSCHRIFT

№ 937 508

KLASSE 63c GRUPPE 3 01

U 141 II / 63c

Dipl.-Ing. Heinrich Rössler, Göppingen (Württ.),
und Albert Friedrich, Göppingen (Württ.)
sind als Erfinder genannt worden

Daimler-Benz Aktiengesellschaft, Stuttgart-Untertürkheim

Ackerschlepper

Patentiert im Gebiet der Bundesrepublik Deutschland vom 26. Februar 1950 an
Patentanmeldung bekanntgemacht am 26. Oktober 1950
Patenterteilung bekanntgemacht am 8. Dezember 1955

Ackerschlepper werden bisher in der Regel ohne eigentlichen Fahrgestellrahmen ausgeführt. Die Achsen werden dabei meist ungefedert an dem eine bauliche Einheit bildenden Motorgetriebeblock vorgesehen. Diese Bauart reicht für den bisher üblichen Gebrauch des Fahrzeugs als Traktor auf dem Acker und auf der Straße aus. Die Erfindung stellt sich aber, von den neuesten Erkenntnissen ausgehend, die Aufgabe, ein Fahrzeug zu schaffen, das die Funktionen eines Schleppers, Geräteträgers, Lastwagens und Verkehrsmittels in sich vereinigt, dabei eine einem Lastkraftwagen fast entsprechende Geschwindigkeit entwickelt, wozu es einen gefederten Rahmen haben und zur Erzielung einer guten Geländegängigkeit und besonders hoher Zughakenleistung mit Allradantrieb ausgerüstet sein muß.

Die Breite dieses Fahrzeugrahmens kann dabei ein gewisses Höchstmaß nicht überschreiten, das bedingt ist durch die durch Normung festgelegte Spurweite und durch den geforderten, möglichst kleinen Wenderadius sowie durch die notwendigen Radgrößen. Diese schmale Form des Rahmens bereitet dem Konstrukteur bei der Unterbringung aller für ein solches Universalgerät erforderlichen Bauteile (Führerhaus, Lastenpritsche, Brennstofftank, Batteriekasten, Reserverad usw.) erhebliche Schwierigkeiten. Die Erfindung schlägt nun zur Lösung dieses Problems einen besonders geeigneten Weg vor, dessen Wesen darin besteht, daß der Motorgetriebeblock innerhalb des Fahrgestellrahmens ausmittig zur Längsmittellinie des Rahmens angeordnet ist und daß an diesem Block die Ankupplungsorgane für den Antriebsmechanismus

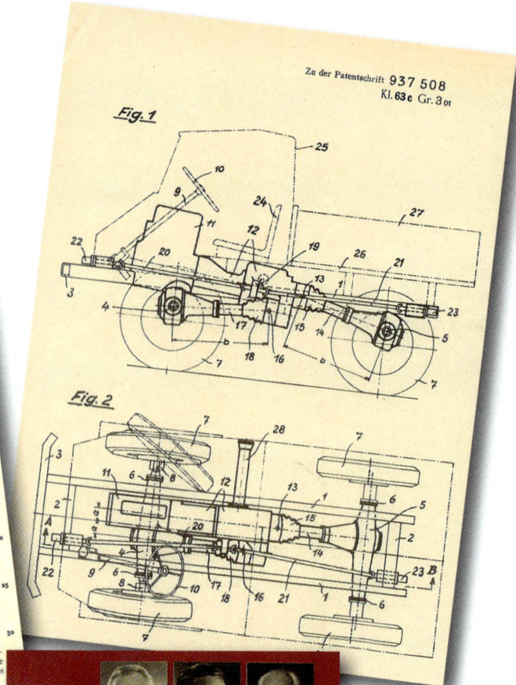

Mit der Unimog-Patentschrift wurde die DNA des Fahrzeugs definiert.

Die drei Boehringer

Scheinwerfer im Kühlergrill gab es bis zur Fahrzeugnummer 00100.

Die Blecharbeiten erledigte für Boehringer noch lange die Firma Erhard & Söhne.

Zeichnungen und Stücklisten hatten Priorität

Mehrere Ingenieure und Techniker von Daimler-Benz, die vor und während des Zweiten Weltkriegs Flugmotoren konstruiert hatten und in »Lohn und Brot« bei den Bauern standen, arbeiteten nun im Unimog-Konstruktionsbüro bei den Gebr. Boehringer in Göppingen. Einige von ihnen konstruierten schon bei der Firma Erhard & Söhne unter Chefkonstrukteur Heinrich Rößler an Details zum Unimog. Sie beschäftigten sich nun noch zielorientierter an der Weiterentwicklung, Detaillierung und Umsetzung des Unimog-Konzepts. Priorität hatte die Anfertigung von produktionstauglichen Zeichnungen, Funktionsdarstellungen und Stücklisten. Auf dieser Basis konnten dann auch Werkzeuge weiterentwickelt, optimiert sowie eingekauft werden. Kalkulationen, Preisgestaltungen und der Einkauf von Bauteilen wurden transparenter und systematischer. Aus der ursprünglichen Idee und dem Konzept sowie dem Lastenheft von Albert Friedrich entstand so der »Rote Faden« für die Konstrukteure zum Unimog-Bau. Beim Unimog wurden viele dieser konstruktiven Eck- und Konzeptpunkte viele Jahrzehnte oder sogar bis heute beibehalten.

Der restaurierte Boehringer-Unimog steht seit 2013 im Unimog-Museum Gaggenau.

Dem Unimog-Museum fehlte noch ein »Boehringer«

Seit Gründung des Unimog-Museums Gaggenau im Jahr 2006 waren zwar Boehringer-Unimog immer mal wieder ausgestellt, aber nur auf Leihbasis. Das wollte man unbedingt ändern, denn ein eigener »Boehringer« war das Ziel. Dank einiger Sponsoren und dem Einsatz des früheren Unimog-Chefs Hans-Jürgen Wischhof fand man in Niederbayern das passende Objekt. Es hat die Fahrzeugnummer 70200/00221 und das Zulassungsdatum 03. 05. 1950. Im Spätsommer des Jahres 2011 wurde das Fahrzeug beschafft und umgehend durch Experten einer Bewertung unterzogen. Das Ergebnis war eine vierseitige Checkliste mit Maßnahmevorschlägen zur authentischen Restaurierung. Nach der Projektbeschreibung und Zieldefinition ging es im Januar 2012 in einer Fachwerkstatt im Kraichgau mit der professionellen Restaurierung los. Bald stellte sich heraus, dass die Materialbeschaffung ein langwieriger Prozess war. Geduld und Zeit waren angesagt. Der vorgefundene Tauschmotor OM 636.914 sollte laut Zielvorgabe unbedingt zurückgebaut und ein Originalmotor OM 636.912 mit geteiltem Ventildeckel eingesetzt werden. Diesen Wunschmotor fand die Organisationstruppe nach langen Verhandlungsrunden und guten Angeboten in der Schweiz. Im Jahr 2013 erfolgte im Beisein vieler Zeitzeugen, Sponsoren, dem Restaurierungsteam und der Museums-Geschäftsleitung die Übergabe ans Museum. Heute ist dieser Boehringer-Unimog im Besitz des Museums und mit einigen zeitüblichen Anbaugeräten versehen, wie etwa einem Mörtl-Seitenmähwerk und einem Fronthackgerät von 1954. Viele fachkundige Besucher behaupten, dass dieser Ur-Unimog wohl weltweit der schönste »Boehringer« sei.

»Die Beschaffung der originalen Ausstattungsteile war eine ganz große Herausforderung zu diesem Projekt«, so der Cheforganisator Wischhof in einer Broschüre anlässlich der Übergabe des Fahrzeugs an das Museum.

Gitterräder und Mörtl-Seitenmähwerk am »Neuen«

Das hervorragend restaurierte Heck ist eine Augenweide.

Der Boehringer-Unimog Nr. 00221 vor der Restaurierung

Das vielfältige Einsatzspektrum des Boehringer-Unimog in der Landwirtschaft

Genauso wie hier zu sehen, sollte es nach den Vorstellungen des Morgenthau-Plans von 1944 nach Kriegsende überall ablaufen, denn Deutschland sollte nach den Plänen des amerikanischen Finanzministers Henry M. Morgenthau mit Ende des Zweiten Weltkriegs ein reiner Agrarstaat werden. Die Propaganda des Dritten Reichs hatte das Thema ab 1944 unglaublich hochgespielt und in der Bevölkerung so Angst und Schrecken verbreitet. Sollten künftig in Deutschland also nur noch Äcker, Wiesen, Pferde- und Kuhgespanne sowie Traktoren zu sehen sein? Die Antwort von Dipl. Ing. Albert Friedrich auf die Angstmache mit dem Morgenthau-Plan und dem »Agrarland« Deutschland kennen wir alle: das »Universal-Motor-Gerät«. Der Morgenthau-Plan wurde zwar nicht wirksam, aber der Unimog setzte sich durch und die Landwirtschaft wurde zu seiner ersten wichtigen Zielgruppe.

Der Boehringer-Unimog in der Schweizer Armee

Ein festlich geschmückter Boehringer-Unimog bei einem Unimog-Treffen am Bodensee

Typschild mit der Endnummer 00513

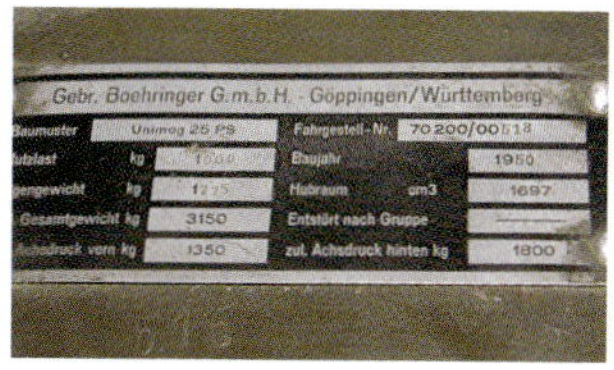

In der Schweiz erkannte man schneller als anderswo, dass im Unimog ein gelände- und truppentaugliches Fahrzeug steckt. Während etlicher Vorführungen konnte der Unimog die Militärs begeistern und man wollte ihn bald nach eigenen Vorstellungen nutzen. Als Resultat dieser positiven Eindrücke bestellte die Schweizer Armee im Frühjahr 1950 vier Fahrzeuge zum Test der Truppentauglichkeit. Im Mai 1950 wurden die ersten Boehringer als Versuchsträger ans Militär ausliefert. Im Sommer folgten weitere Fahrzeuge für zivile Abnehmer, wie etwa an Bauunternehmen für Wasserkraftwerke.

Sehr eindrucksvoll war der Einsatz von fünf Unimog ab 1950 beim Staudammbau für den Lac de Dix in 2365 Metern Höhe im Kanton Wallis. Die Fahrzeuge waren pausenlos im Einsatz, um tonnenschweres Baumaterial und Arbeiter über oft nur schmale und unbefestigte Saum- oder Mauleselpfade auf über 2000 Meter Höhe zu transportieren. Zeitgleich wurden die Unimog in den Spezialabteilungen des Militärs getestet und 40 weitere Fahrzeuge bestellt, die Anfang Dezember 1950 ausgeliefert wurden. Die gegen Ende der Produktion von der Schweizer Armee in zwei Aufträgen zusätzlich bestellten 60 und 150 Boehringer wurden ab August 1951 als Unimog 2010 geliefert. Der allerletzte Großauftrag zum U 2010 wurde im August des Jahres 1952 in sechs Teillieferungen zu je 30 Fahrzeugen abgewickelt. Insgesamt verfügte die Schweiz damit über 540 Unimog der Baureihe 2010.

Die Gitterstäbe waren in militärischer Grundfarbe und nicht in rot lackiert.

Links

Ein Boehringer in der Farbe IR 12 »Erdbraun«

Rechts

Rechts im Bild ein Boehringer und links ein U 2010; beide zum Verwechseln ähnlich

Checkliste Boehringer-Unimog

Wenn alle die unten aufgeführten Merkmale bei Ihrem Fahrzeug zutreffen, dann können Sie sicher sein, dass es sich um einen wertvollen Boehringer-Unimog handelt.

Rote Flachstäbe

Anfangs auch Einlochfelgen

Geschraubter Achsdeckel

Boehringer-Pritschenriegel

Vordere Kotflügel ohne Sicken

Tür vorn mit Türanschlagnase

Eckige Kotflügel hinten

OM 636 mit geteiltem Ventildeckel

Stark abgerundete Pritschenecken

Zylindrische Radnaben

Ochsenkopf ohne Mercedes-Stern

Kurze Ackerschiene

Was am Boehringer nicht sein darf!

Mercedes-Stern, DLG-Plakette, Forst-Plakette, Herzchenfelgen, Sicken im Kotflügel, synchronisiertes Getriebe, Blinkleuchten, Natur-Pritschenbretter, andere Farben als Unimog-Grün oder Militärfarben, abgerundete Stoßstange, große Rückspiegel

Türdrücker aus dem Vollen

Baureihe 2010

Der erste Unimog aus Gaggenau

Das erste Jubiläum in der Gaggenauer-Produktion: der 100. Unimog 2010 am 10. Juli 1951.

Der geplante Start im Frühjahr 1951 wurde mehrfach verschoben. Grund dafür war die deutlich andere strukturelle und logistische Situation in Gaggenau. Die installierten Einrichtungen, Energiequellen sowie die logistische Basis mit der vorübergehenden Stationsmontage, ähnlich wie bei den Gebr. Boehringer, waren nicht für die gewünschten Monatsstückzahlen von 170 bis 180 Unimog als Mittelfristziel beziehungsweise 250 Unimog als Fernziel geeignet. Am 4. Juni 1951 wurde der immer wieder verschobene Produktionsstart dann mit etwas Improvisation im Bau 14 vollzogen. Der erste Unimog aus Gaggenau wurde Realität. Die Baureihen-Typbezeichnung wechselte von 70200 auf 2010. Vom Kunden war dieses Fahrzeug äußerlich von einem »Boehringer« kaum zu unterscheiden. Auch das rote Kraftsymbol, der Ochsenkopf, zierte weiterhin die grüne Motorhaube. Der Mercedes-Stern wurde ihm noch versagt. Während die Gebr. Boehringer in gut zwei Jahren 600 Einheiten bauten, legten die Gaggenauer eine hohes Starttempo hin. Nach sechs Wochen lief bereits der hundertste Unimog vom Montageband und in nur sieben Monaten, im Restjahr 1951, wurden insgesamt 1005 Unimog produziert. Das waren pro Monat 145 Unimog. Zum Vergleich: Bei den Gebr. Boehringer wurden im Schnitt 25 bis 30 Einheiten im Monat gebaut. Nach vier Wochen, Anfang Juli 1951, zog die Unimog-Produktion in den Bau 44 um. Es war ein modernes Industriegebäude, in dem sowohl das Press- und Stanzwerk sowie der Unimog-Rohbau und die Punktschweißerei im Obergeschoss untergebracht waren. Im neuen Gebäude erwartete der Unimog ein modernes Fertigungsquerband mit hoher Produktionskapazität. Er war damit in Gaggenau angekommen.

Der Doppelsitzer: Nicht sonderlich bequem, aber zweckmäßig und aufgeräumt. Besser als auf den Blechsitzen der Traktoren.

Die Außennaben sind beim U 2010 konisch.

U 2010 in Reih und Glied. Typisch sind die roten Flachstäbe im Kühlergrill mit dem Ochsenkopf und in der Standardfarbe Unimog-Grün.

Verkaufsbe-zeichnung	Baumuster	Ausführung	Bauzeit bis Fahr-zeugnummer	Motor
2010 I	2010/1	Grundausführung mit Klappverdeck	Juni 1951 bis 1952* 03614/52	Ab Motornummer 00001 bis * 00150 OM 636.912, danach OM 636.914
2010 II	2010/2	Grundausführung mit Klappverdeck, Anhänger-Bremsanlage		OM 636.914
2010 III	2010/3	Grundausführung mit Klappverdeck, Sonderabtrieb, Zw'e n v + h		OM 636.914
2010 IV	2010/4	Grundausführung mit Klappverdeck Sonderabtrieb + Zw'e n, Anhänger-Bremsanlage		OM 636.914
2010 V	2010/5	dto. und Kraftheber		Ab Motornummer 03 180 bis * 03 679 nochmals 500 OM 636.912 verbaut, danach OM 636.914
2010 VI	2010/6	Grundausführung mit Klappverdeck	Baumuster nur reserviert	OM 636.914
2010 VII	2010/7	dto. und Druckluftanlage für Anhängerbremse	Baumuster nur reserviert	OM 636.914
2010 VIII	2010/8	dto. und Kraftthebeanlage vorn + hinten	Baumuster nur reserviert	OM 636.914

* Quelle: Baumusterliste Oktober 1971, Unimog-Kundendienst

Ein U 2010 in Schweizer Militärausführung

Baureihe 2010 mit acht Baumustern

Die Typenbezeichnung U 2010 entstammt der Zeit bei Ehrhard & Söhne. Dort wurden sämtliche Zeichnungen, Werkzeuge und Teile mit einer Nummerierung versehen, die mit 2010 begann. Daraus wurde in Gaggenau der U 2010. Von diesem Typ gab es planerisch acht Baumuster, während nur fünf gebaut wurden (siehe Tabelle). Obwohl jetzt ein Mercedes-Benz-Fahrzeug, durfte der U 2010, nach Vorstandsbeschluss, noch keinen Mercedes-Stern im Frontgrill tragen. Im Juni 1951 wurde mit dem 25 PS-Motor OM 636.912 (geteilter Ventildeckel) gestartet. Ab der Fahrgestellnummer 03615/52 folgte 1952 der OM 636.914 mit durchgehendem Ventildeckel. Das Fahrzeug gab es nur als Cabrio mit Klappverdeck und mit kurzem Radstand (1720 mm). Was die Bezeichnung »M« bei den Lieferbucheintragungen, zum Beispiel 2010.2-03456/M, bedeutet, konnte bei den Recherchen nicht geklärt werden. Der Preis in der Grundversion lag bei 14000 DM. Bis zum August 1953 wurden in Gaggenau 5846 Fahrzeuge der Baureihe 2010 gebaut. Auf den U 2010 folgte der U 401.

Antriebsstrang, Achsen und Räder, Tank, Batteriekasten und Auspuffverlauf eines U 2010

Technische Daten des U 2010

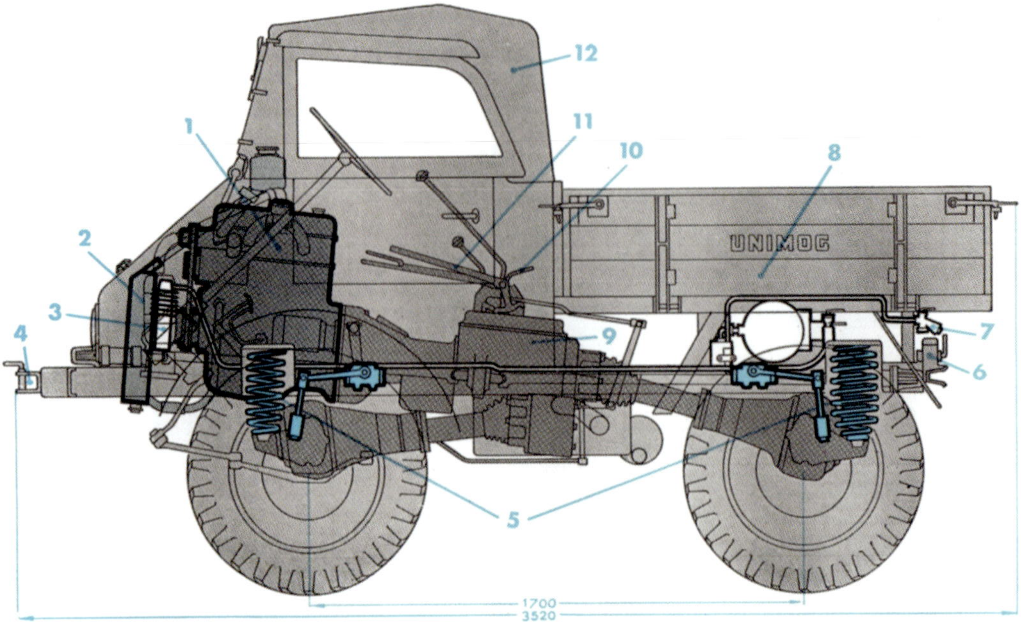

1 Diesel-Motor OM 636.914,
2 Kühler
3 Kompressor
4 Anhängekupplung vorn
5 Schraubenfedern und hydraulische Stoßdämpfer vorn und hinten,
6 gefederte Anhängekupplung hinten
7 pneumatische Steckkupplung
8 Ladepritsche mit 2,25 m² Ladefläche
9 unsynchronisiertes Unimog-Getriebe UG 1/11
10/11 Getriebehebel für Differential und Allrad
12 Stoffverdeck/Cabrio

TECHNISCHE DATEN

Motor
Mercedes-Benz-Dieselmotor, Vierzylinder. 25 PS. Bosch-Einspritzanlage, Wasserkühlung m. Zwangsumlauf-Thermostat, elektr. Anlasser. Die durch Regler begrenzte Drehzahl verhindert Überlastung im Dauerbetrieb.

Kupplung
Fichtel & Sachs-Einscheiben-Trocken-Kupplung.

Getriebe
Eigene Bauart mit 6 Vorwärts- und 2 Rückwärtsgängen.

Fahrwerk
Allradantrieb, Vorderachsantrieb während der Fahrt ohne Betätigung der Kupplung zu- und abschaltbar.

Differentialsperren hinten **und** vorn.

a) **Vorderachse**
Starre Portal-Achse mit Laufrad-Vorgelege und Doppel-Gelenken bewährter Bauart, Schraubenfedern und hydraulischen Stoßdämpfern.

b) **Hinterachse**
Starre Portal-Achse mit Laufrad-Vorgelege, Doppel-Schraubenfedern und hydraulischen Stoßdämpfern.

Bremsen
Fußbremse: Öldruck-Vierradbremse mit großen Bremstrommeln.
Handbremse: Mechanisch auf Hinterräder wirkend.

Bereifung
6.50x20 Allzweckreifen f. Gelände u. Straße. Spezial-, Gelände- oder Transportreifen.

Elektrische Anlage
Bosch-Lichtmaschine 12 Volt, 150 Watt, mit selbsttätiger Spannungsregelung, 94-Ah-Batterie in Schutzkasten, 2 geschützt eingebaute Scheinwerfer, Signalhorn, Scheibenwischer, Winker, Schlußleuchten, Steckdose für Anhängerbeleuchtung und Anhängerblinkanlage.

Anhänge-Vorrichtungen
Hinten: Gefederte Wagenanhängekupplung, Anhängeschiene für Ackergeräte.
Vorne: Anhängekupplung m. Einsteckbolzen.

Fahrgestell
Rechteckrahmen aus U-Profil m. 5 Querträgern.

Aufbau
Ganzstahlkarosserie, 2 gut gefederte und gepolsterte Sitze, Windschutzscheibe und zusammenklappbares Allwetterverdeck, seitliche Schutzscheiben.

Ladepritsche
Stabile Pritsche mit ca. 2,25 qm Ladefläche für 20 Zentner Nutzlast. Bordwände mit Kantenschutz versehen.

Sonderantrieb
1. Zapfwellen: Vorn und hinten genormt nach Din 9611. 540 U/min. Kraftabgabe 22 PS.
2. Riemenscheibenantrieb: Rechts seitlich. 1000 U/min. Riemenscheiben – Ø 315 mm. Kraftabgabe 22 PS.

Gewicht
Ohne Treibstoff, Sonderausrüstungen und Ersatzrad ca. 1680 kg.

Achsdruck
vorn ca. 1050 kg, hinten ca. 630 kg.

Kraftstoffverbrauch
ca. 10 Liter für 100 km auf der Straße, ca. 1–4 Liter pro Stunde auf dem Acker, je nach Arbeitsleistung.

Abmessungen

Spurweite normal vorn und hinten	1270 mm
nach Umstecken der Räder	1470 mm
Radstand	1700 mm
Bodenfreiheit: unter Differential	380 mm
unter Achse	450 mm
größte Länge	3570 mm
größte Höhe, Verdeck und Windschutzscheibe abgenommen	ca. 1600 mm
größte Höhe, mit Verdeck und Windschutzscheibe	ca. 2050 mm
größte Breite	1630 mm
Höhe der Ladepritsche v. Boden	ca. 1000 mm
Pritschenfläche	1500x1500 mm
Höhe der Pritschenbordwände	360 mm
Höhe der Anhängekupplung	ca. 720 mm
äuß. Wenderadius nach rechts u. links	3,8 m

Änderungen in Konstruktion und Ausstattung vorbehalten.

Erkennungsmerkmale des U 2010

Drei Längssicken in den vorderen Kotflügeln

Pritschenrahmen mit scharfkantigen Ecken

Achsdeckel geschweißt (beim Boehringer-Unimog geschraubt)

UNIMOG
UNIVERSAL-MOTORGERÄT

Preisliste

des Schleppers einschließlich Sonderausrüstung

(Gültig ab 3. Dezember 1951)

DAIMLER-BENZ AKTIENGESELLSCHAFT
WERK GAGGENAU – ABT. UNIMOG

25 PS-UNIMOG-Schlepper

Grundausführung:

25 PS wassergekühlter MERCEDES-BENZ-Vierzylinder-**Dies[illegible] motor,** n_{max} = 2300 U/min. mit Bosch Diesel-Einspritzausrüstung sowie automatischer Drehzahlregelung, elektrischer Anlasser und Lichtmaschine;
Elektrische Ausrüstung: 12 V – 95 Ah-Batterie, zwei geschützt eingebaute Scheinwerfer, Stoplicht, Signalhorn, Fahrtrichtungsanzeiger;
Armaturen: Tachometer, Öldruckmesser und Fernthermometer;
Hydraulische **Vierrad-Fußbremse** und mechan. **Hinterrad-Handbremse;**
Schraubenfederung sowie **Stoßdämpfer** für Vorder- und Hinterachse;
Getriebe mit 6 Vorwärtsgängen mit Geschwindigkeitsumfang von ca. 1 – 50 km/h sowie 2 Rückwärtsgängen;
Vierradantrieb (während der Fahrt zu- und abschaltbar) sowie Differentialsperren hinten **und** vorn;
Karosserie mit zwei gefederten und gepolsterten Sitzen (Sitze hochstellbar);
Pritsche mit ca. 2 qm Ladefläche für 1 t Nutzlast;
Gefederte Anhängekupplung sowie Anhängeschiene **vorderes Anhängemaul;**
Wagenheber sowie kompletter **Werkzeugsatz;**
Bereifung 6,50 – 20 Spezialprofil für Acker und Straße;

Derzeitiger Preis ab Werk Gaggenau .... DM **11500.–**

Zusätzliche Sonderausrüstung:

Komplettes Fahrerhaus mit Windschutzscheibe (abnehmbar und abklappbar) einschl. Scheiben-w[illegible]her und Rückspiegel, wetterfestem Verdeck (abnehmbar oder rückklappbar) sowie Seitenschutzscheiben	DM	460.–
Sonderabtrieb mit Zapfwellen vorn, hinten und Riemenscheibenabtrieb seitlich	DM	860.–
Riemenscheibe 120 mm breit, 315 mm Ø mit Anschraubteilen	DM	70.–
Anhänger-Bremsanlage	DM	700.–
Anhänger-Bremsanlage mit hinterem Kraftheber	DM	1100.–
Zusätzliche Ausrüstung für vorderen Kraftheber	DM	200.–
Aufhängeböcke für Anbaugeräte	DM	35.–
Mehrpreis für **automatische Anhängekupplung**	DM	55.–
Bereiftes Reserverad mit Befestigungsteilen ..	DM	315.–
Komplette Zwillingsbereifung hinten mit Befestigungsteilen	DM	720.–
Kriechgang-Zusatzgetriebe	DM	[illegible] 675.–

M[illegible]erial-Teuerungszuschläge sind in diesen Preisen bereits enthalten; lediglich die Reifenpreiserhöhung (Stand 9. Juli 1951) mit z. Zt. DM 22.– pro Reifen ist noch hinzuzufügen.

Geliefert wird in umseitig aufgeführten 5 Lieferungs-Ausführungen.

Preisliste vom Dezember 1951. Zu den Extras gehörten: Windschutzscheibe, Klappverdeck, Rückspiegel, Seitenabtrieb, Reserverad und anderes mehr.

Den Blinker gab es nur für die Militärfahrzeuge der Schweizer Armee (Bild links).

Auf der DLG-Messe von 1951 in Hamburg wurden die universellen Einsatzmöglichkeiten des U 2010 mit der Silbernen Preismünze geehrt. Sie wurde beim U 2010 beidseitig angebracht.

Der Ochsenkopf war bei den U 2010-Zivilfahrzeugen der Standard, nur das Militär verzichtete darauf.

Einsatz des U 2010 im Baugewerbe

Dieser U 2010 mit Schmidt-Frontlader war in Blasiwald (Schluchsee) in einer Kiesgrube im Einsatz.

Versuchsfahrt für die bekannte Gerätehersteller-Firma Ing. Alfred Schmidt aus St. Blasien im Schwarzwald

Der U 2010 in der Landwirtschaft

Beim Grasmähen mit einem Mörtl-Mähwerk

»Der Unimog wurde in den Jahren 1945/1946 rein für die Zwecke der Landwirtschaft konstruiert. Der Grundgedanke war dabei, ein besonders modernes Zug- und Arbeitsgerät für die landwirtschaftlichen Arbeiten zu schaffen, das sich besonders durch äußerste Ausnutzung der Zugkraft, beste Geländegängigkeit und durch die Ausstattung mit Antrieben für die verschiedensten Zwecke auszeichnet«, so der Unimog-Chefkonstrukteur Heinrich Rößler in einem Brief aus dem Jahr 1952.

Ein Weizenfeld wird gepflügt. Wichtig war der Blick über den Pritschen-Sichtkanal zum Pflug.

Auf dem Weg zur Feldarbeit bot der U 2010 Platz für acht Helfer.

540 Unimog 2010 für die Schweizer Armee

Der Unimog 2010 war das kleinste mit einem Dieselmotor angetriebene Fahrzeug der Schweizer Armee. Deshalb wurde es innerhalb der Truppe liebevoll »Dieseli« genannt. Dieses Unimog-Modell prägte in der Schweiz über vier Jahrzehnte das militärische Straßenbild und kam bis zu seiner Außerdienststetzung Ende 1989 vorwiegend als Baufahrzeug für militärische Fernmeldeleitungen zum Einsatz.

Die ersten 160 Fahrzeuge wurden im Jahr 1951 geliefert, womit jeder sechste in jenem Jahr gebaute Unimog zur Schweizer Armee ging. Im Frühjahr 1952 folgten 200 weitere Fahrzeuge, von denen 190 eine kleine Rahmenseilwinde erhielten. Der letzte Großauftrag zum U 2010 wurde im August 1952 in sechs Teillieferungen zu je 30 Fahrzeugen abgewickelt. Insgesamt verfügte die Schweizer Armee über 540 Unimog der Baureihe 2010, was fast 10 Prozent aller hergestellten U 2010 entspricht. Rechnet man die 44 erhalten Boehringer-Unimog hinzu, dann hatte die Schweizer Armee im Februar 1954 insgesamt 584 Universal-Motor-Geräte in ihrem Bestand. Im Unimog-Museum Gaggenau steht heute ein U 2010 aus der Lieferung vom 08. 08. 1952 über 180 Fahrzeuge für die Einheiten der Artillerie, der Pioniere und der Flugplatztruppen. Das Fahrzeug ist seit Kurzem dauerhaft mit einer vollständigen Ausrüstung für den Leitungsbau im Museum zu sehen.

In der Unimog-Szene ist heute der »Schweizer-Dieseli« der beliebteste Unimog unter den kleinen Baureihen beziehungsweise des Ur-Unimog. Man kann davon ausgehen, dass es noch etwa 300 bis 400 dieser liebevoll gepflegten Fahrzeuge gibt. Besonders schöne Modelle und Darstellungen zum U 2010 der Schweizer Armee sind im Unimog-Museum in Gaggenau zu sehen.

Baureihe 401

Der erste Unimog mit Stern

Die Produktion des Unimog befand sich knapp zwei Jahre in Gaggenau, als im August 1953 die Baureihe 401 die Nachfolge des Unimog 2010 antrat. Bereits auf der DLG in Köln im Mai 1953 präsentierte der Unimog sich mit dem längst überfälligen Mercedes-Benz-Stern. Jetzt war er, für Jedermann ersichtlich, ein echter Mercedes. Auf den ersten Blick unterscheidet sich der U 401 nur unwesentlich vom Vorgänger U 2010. Der »Neue« wurde zwischen August 1953 und August 1956 in 5 + (1) Baumustern mit 9.886 Stück sowohl als Cabrio als auch mit einem Ganzstahlfahrerhaus (Froschauge) von der Firma Westfalia gebaut. Die Standardfarbe war Unimog-Grün DB 6286. Als Motorisierung wurde der Diesel OM 636 mit 25 PS gewählt und als Getriebe kam das unsynchronisierte 6-Gang-Unimog-Getriebe UG 1/11 zum Einsatz. Heute gibt es in der Unimog-Szene noch etwa 2000 Stück von dieser beliebten Baureihe. Das Kennzeichen auf den Fotos setzt sich zusammen aus: F = Französische Besatzungszone; B = Baden; 28 = Stadt Gaggenau; 7195 = fortlaufende Nummer.

U 401 (U25) mit Stahlfahrerhaus oder mit Faltdach

Baumuster	Bauzeit	Radstand mm	Leistung PS	Fahrerhaus	Stück
401.101	01. 1953 – 08. 1956	1720	25	Cabrio	
401.102	01. 1953 – 12. 1954	1720	25	Cabrio	
401.103	01. 1953 – 12. 1954	1720	25	Cabrio	
401.104	10. 1953 – 08. 1956	1720	25	Westfalia Typ B	
401.105	09. 1953 – 12. 1954	1720	25	Westfalia Typ B	
401.106	Nr. reserviert				
Summe					9.886*

*Korrigiert aufgrund neuer Recherchen von 10.928 auf 9.886 Stück

Der Antriebsstrang des U 401 mit Motor OM 636, Getriebe UG 1/11, Leiterrahmen, Herzchenfelgen, Tank, Lenkung sowie Vorder- und Hinterachsfedern

Die Baumuster 401.104 und 401.105 wurden mit dem im Lohnauftrag bei der Firma Westfalia produzierten Ganzstahlfahrerhaus Typ B ausgestattet. Die Zentrale in Stuttgart hatte mit Einführung dieser Baureihe die 4er-Kennzahlen festgelegt. Also die 401, 402 und später die 411, 421, 406 usw. Die Baureihe 401 bekam ab August 1953 die Fahrgestellnummer 401.103-35.01043. Die Zahl 35 in der Mitte war »verschlüsselt« und bedeutete 1953. Mit dem komfortablen Ganzstahlfahrerhaus gewannen die Gaggenauer eine vollkommen neue Kundschaft. Post, Bahn, Industrie, Feuerwehren, Forschungsbetriebe und Gemeinden zählten zu den neuen Abnehmern. 1955 bekam der U 401 die begehrte Forstplakette und im September 1955 wurde ihm das Ochsenkopf-Markenzeichen aus der Gründerzeit aberkannt. Dafür behielt er aber das DLG-Prüfungszeichen.

Fahrerhäuser von Westfalia

Einer der schönsten Unimog U 401 mit dem Fahrerhaus Typ B steht im Unimog-Museum. Es ist das Baumuster 401.104.

Die Firma Westfalia hat ihren Standort im westfälischen Wiedenbrück. Erste Kontakte zu Mercedes-Benz gehen bereits auf das Jahr 1951 zurück. Als erstes Projekt entwickelte man einen Musteraufbau auf der Basis U 2010 für den Bundesgrenzschutz. Die Besitzer der Firma Westfalia sahen im Unimog einen vollkommen neuen Markt. Die Serienfertigung des ersten Unimog-Fahrerhauses, mit der internen Typenbezeichnung »B«, begann kurz vor Produktionsbeginn des U 401 im Jahr 1953. Ein Jahr nach Produktionsbeginn des U 411 wurde ein gründlich überarbeitetes Ganzstahlfahrerhaus mit der Bezeichnung »DvF« für diese neue Baureihe vorgestellt. Das Kürzel DvF steht für verbreitertes Fahrerhaus.

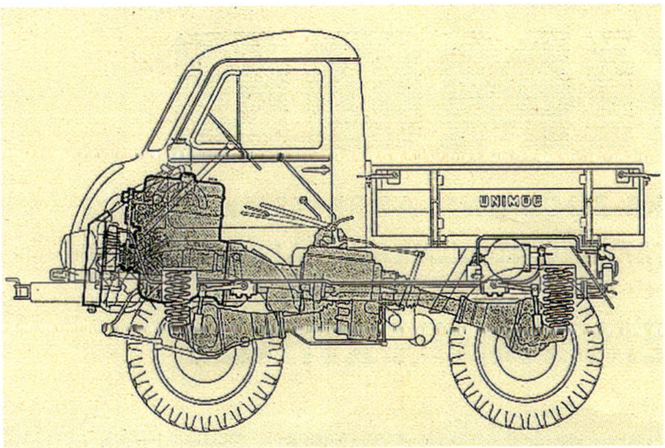

Die »Röntgendarstellung« des U 401/Westfalia zeigt den Antriebsstrang mit 25 PS-Dieselmotor, Kupplungsgehäuse, Unimog-Getriebe UG 1/11, Schubrohren und Portalachsen.

Zum Vergleich: Fahrerhaus Typ DvF zur Baureihe 411

Fahrerhaus Typ B zu den Baureihen 401/402

Am 24. 02. 1954 erhielt der U 401 als erster Unimog die Forstplakette vom Prüfungsausschuss FPA überreicht.

Mastenziehblock für Telegrafenmasten von der Herstellerfirma Erhard & Söhne

Stahlkehrbesen für Industrie und Kommunen

Heck-Erdbohrer am U 401

Schmidt-Schneefräse auf dem ehemaligen Flughafen Tempelhof in Berlin

Mörtl-Mähwerk als Getreidemähwerk mit Sitzplatz für Ablegearbeiten

Ausgewählte Fahrzeuge der Baureihe 401

Die auf dieser Seite abgebildeten Unimogs repräsentieren die etwa 2000 Fahrzeuge, die es noch von dieser Baureihe gibt.

Baumuster 401.101 mit Schmidt-Schneefräse aus dem Jahr 1955

Baumuster 401.104 mit Ganzstahlfahrerhaus in einer nicht ganz originalen Farbe

Ab Juni 1955 wurde der U 401 Cabrio (25 PS) mit dem U 411er-Fahrerhaus gebaut.

Eine toprestaurierte Variante des Baumusters 401.104 aus dem Jahr 1955 mit einer Pritsche aus Naturholz

Wie ein Spielzeug mit Kran und Winde aus dem Baukasten kommt dieses Baumuster 401.104 daher.

In Verbindung mit Zweiachsanhänger und Mähdrescher ist dieser U 401 eine Vollerntemaschine.

Baureihe 402

Für Kommunen und Gewerbe

Baumuster 402.102

U 402 Doppelkabine

U 402 mit Pritsche

Drei Monate nach Produktionsbeginn des U 401 wurde im November 1953 der U 402 vorgestellt. Der Unterschied lag fast nur im 400 mm längeren Radstand. Wegen des längeren Rahmens standen hier Sattelauflieger (siehe Foto oben) und Spezialaufbauten im Fokus. An dem Sattelfahrzeug, meist mit Westfalia-Ganzstahlfahrerhaus Typ B, hatten hauptsächlich die Kommunen beziehungsweise die Feuerwehren, das Gewerbe und die Industrie Interesse. Mit einer Aufsattellast von 1400 kg betrug das Gesamtgewicht dann 3300 kg. Der Unimog-Sattelschlepper war meist mit einem Spezialauflieger ausgestattet. Von der Baureihe 402 wurden von 1953 bis 1956 fünf Baumuster gebaut. Es waren dies die BM 402.101, 102, 103, 104 und 105. Die Baumuster 102 und 104 hatten das Typ-B-Fahrerhaus von Westfalia (Froschauge mit geteilter Frontscheibe). Als Motorisierung diente der bewährte Diesel OM 636 mit 25 PS. Die Stückzahl der fünf Baumuster lagen bei 518 Einheiten. Dabei dominierte der 401.103 mit Faltverdeck und einer Stückzahl von 165 Fahrzeugen. Heute ist diese Baureihe eine Rarität, denn bei großen Unimog-Treffen ist dieser Fahrzeugtyp meist nicht vertreten. Wer den U 402 mit einem Spezialaufbau sehen möchte, sollte das Unimog-Museum in Gaggenau besuchen (siehe das Fahrzeug auf der folgenden Seite).

U 402 Komplettrestaurierung: Feuerwehr-Spezialaufbau

Dieser U 402, Baumuster 402.104, wurde 1956 von der Schweizer Firma Haller & Flukiger mit einem Spezialaufbau für Feuerwehren als Mannschaftstransportwagen ausgestattet. Seit 1957/58 stand das Fahrzeug bei der Feuerwehr in Chur im Dienst. 1985 erwarb die Feuerwehr von Klosters bei Davos den U 402. Im Jahr 2003 kaufte ihn Alfred Wemhof aus Legden, bevor er von der Gaggenauer Firma MEREX im Jahr 2007 totalrestauriert wurde. Heute befindet sich das prachtvolle Schmuckstück als Dauerleihgabe im Unimog Museum in Gaggenau.

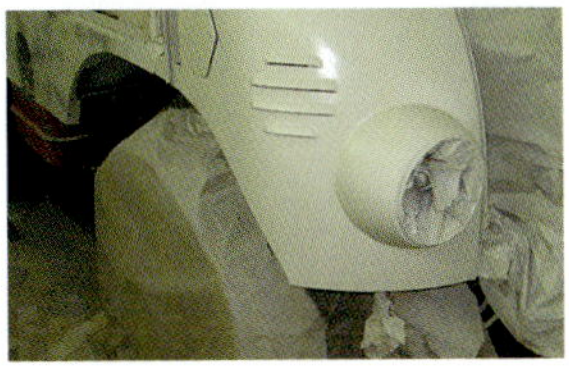

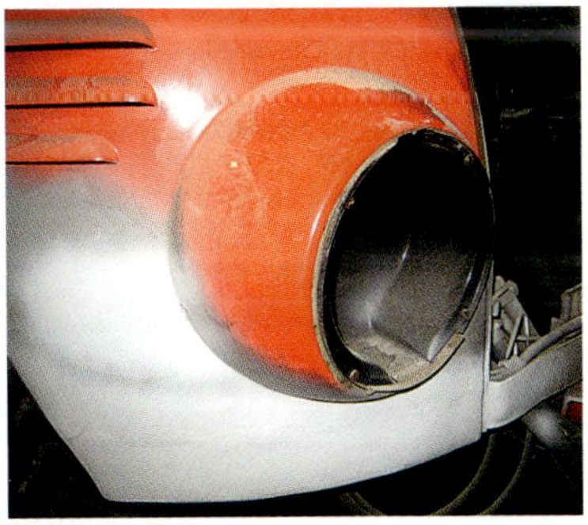

U 402 mit Spzialaufbau: das Ergebnis einer hervorragenden Restaurierung

Baureihen 404.1 und 404.0 (Unimog-S)

Das französische Militär als Geburtshelfer

Links im Bild die Baureihe 2010, rechts der Prototyp MU 80/0 (Unimog-S)

Der Unimog-S ist mit 64242 Einheiten der meistgebaute Unimog überhaupt. Dies entspricht 17,7 % aller jemals gebauten Unimog. Er gilt auch in der Öffentlichkeit als der Unimog mit dem höchsten Bekanntheitsgrad.

Seine Anfänge gehen auf das französische Militär zurück. Die Idee zum Unimog-S stammt von der nach dem Zweiten Weltkrieg in Baden-Baden und Rastatt stationierten französischen Armee. Während ihrer Patrouillenfahrten durch das Murgtal beobachteten französische Offiziere im Jahr 1952, dass auf dem Testgelände »Sauberg« bei Gaggenau kleine Versuchs-Unimog getestet wurden. Ähnliche Fahrzeuge – die Franzosen nannten sie CV 25 – hatte man für die in Deutschland stationierten französischen Truppen (FFA) im Umfang von 450 Einheiten bereits zwischen 1951 und 1952 bestellt. Die Auslieferung umfasste dann auch den U 2010 und ab 1953 vermehrt den U 401. Diese Fahrzeuge sollten hauptsächlich zur Sicherung strategisch wichtiger Straßen im Schwarzwald, am Bodensee und entlang des Hochrheins eingesetzt werden. Stationiert waren sie in Baden-Baden, Oberkirch, Donaueschingen, Radolfzell und in Rastatt. Die erwähnten Tests machten die französischen Offiziere neugierig, und sie kamen mit den Gaggenauer Testfahrern sowie den Konstrukteuren ins Gespräch. Die dabei gewonnenen Ideen und Überzeugungen wurden anfangs nur mündlich weitergegeben und erst später in einem sogenannten Lastenheft festgehalten. Der »Neue« sollte in etwa der Baureihe 2010 entsprechen, nur breiter sein und einen längeren Radstand haben, 80 bis 90 km/h schnell sein, mit einer Pritsche für zehn bis zwölf Soldaten ausgestattet sein und 1,5 bis 2 t Nutzlast haben. Die in der französischen Armee eingesetzten und inzwischen veralteten amerikanischen Dodge-Fahrzeuge sollten dann sukzessive ausgemustert und durch den Unimog ersetzt werden. Im Fuhrpark der französischen Armee und vielen NATO-Partnern war der Ottomotor inzwischen Standard, und sollte auch für den »Neuen« gelten.

Die Baureihe 2010 stand bei den Franzosen Pate für den Nachfolger Unimog-S.

Entwicklungsschritte zur Produktionsreife

Die Entwicklungsschritte bis zur endgültigen Gestaltung des Unimog-S wurden durch die Konstruktion über die Prototypen, die Vorserien, die Anfangsserien und die Hauptserien definiert. Fahrerhaus und Rahmen sind schrittweise mit Hilfe von Militärexperten optimiert worden. Beim Antrieb gab man dem Mercedes-Benz M 180-Benziner den Vorzug.

Prototyp MU 80/0 ab Sommer 1953 (Bild 1): Radstand 2220 mm, Rahmenbreite 770 mm, gerader Leiterrahmen mit U-Profil 120 x 50 mm, Spurweite 1620 mm, Ersatzrad hinter dem Fahrerhaus. Weitere Entwicklungsschritte gab es dann Anfang 1954 (Bild 2): Radstand 2350 mm, Feingitter im Frontgrill mit Mercedes-Stern, Tarnlichter auf Höhe der Motorhaube. Alle anderen Merkmale entsprachen denen, die im Bild 1 zu sehen sind. Ab Mitte 1954 (Bild 3): erstmals gekröpfter Rahmen mit U-Profil 140 x 60 mm, Ersatzrad unter der Pritsche; alle anderen Merkmale entsprechen denen von Bild 2. Dieser Prototyp war der Einstieg zur Vorserie.

Vorserie (Bild 4) ab Herbst 1954: Radstand 2670 mm, gekröpfter Rahmen mit U-Profil 140 x 60 mm, Rahmenbreite 770 mm, Rahmenlänge 4450 mm, Spurweite 1620 mm, Ersatzrad unter der Pritsche, Westfalia-Fahrerhaus analog der nachfolgenden Anfangsserie. Die Vorserie diente der AV-Werkstatt im Bau 14 dazu, die Serie ablauftechnisch und administrativ vorzubereiten.

Anfangsserie Baumuster 404.111 (Bild 5) ab Mai 1955 bis Januar 1956; bis dahin 578 Exemplare gebaut: Radstand 2670 mm, gekröpfter Rahmen mit U-Profil 140 x 60 mm, Rahmenbreite 770 mm, Spurweite 1620 mm, Rahmenlänge 4450 mm, Fahrerhaus schon fast identisch mit dem der Hauptserie BR 404.1.

Hauptserie BR 404.1 (Bild unten) ab Januar 1956: Radstand 2900 mm, gekröpfter Rahmen mit U-Profil 160 x 60mm, Rahmenlänge 4700 mm, Rahmenbreite 770 mm, Spurweite 1620 mm, Frontscheibe verändert, Scheibenwischer unten, Haubenriegel entfallen, Türen verändert, Mercedes-Emblem auf der Motorhaube.

Die Entwicklungsschritte des Unimog-S bis zur endgültigen Produktionsreife.

	1955	1956	1957	1958	1959	1960	1961	1962	1963	1964	1965	1966	1967	1968	1969	1970	1971	1972	1973	1974	1975	1976	1977	1978	1979	1980	∑
404.111	578	513	117																								1.208
404.112		154	31																								185
404.113		1	350	114	141	190	199	247	191	314	366	1.280	524	639	1.330	531	352	386	371	489	73	16					8.104
404.114		666	1.675	2.523	3.556	5.098	4.659	6.191	5.014	4.310	3.382	3.151	1.804	2.554	2.053	2.021	378	197	489	225	174	99	105				50.324
404.115			164	14	2	228	126	167	581	62	1.074	0	90	40													2.548
404.117															1	80											81
404.010																		6	9	31	12	23	11	0	2		94
404.011																	6	44	130	34	59	133	6	36	724		1.172
404.012																	1	0	1	1	0	0	1	0	2		6
404.013																2	58	63	91	137	29	74	8	27	20	10	519
BR 404-Produktions-/Datenkarte fehlt																										1	1
Gesamt	**578**	**1.334**	**2.337**	**2.651**	**3.699**	**5.516**	**4.984**	**6.605**	**5.786**	**4.686**	**4.822**	**4.431**	**2.418**	**3.233**	**3.384**	**2.634**	**795**	**696**	**1.091**	**917**	**347**	**345**	**131**	**63**	**748**	**11**	**64.242**

Die Baumusterverteilung über den Produktionszeitraum

Der Unimog-S ist der Stückzahlenprimus

Keine andere Unimog-Baureihe wurde so oft gebaut wie der Unimog-S (Baureihen 404.1 und 404.0). Die 64 242 Exemplare verteilen sich auf zehn Baumuster. Zudem wurde kein anderer Unimog in so viele Länder exportiert wie diese Baureihe. Der Unimog-S machte das Fahrzeug in der Welt so bekannt wie kein anderer Unimog zuvor und danach. Bemerkenswert ist auch, dass die Bundeswehr 36 638 Unimog-S in Dienst stellte. Das entsprach 57 % aller gebauten Unimog-S. Damit man bei den Fahrzeugen den Überblick behält, empfiehlt sich ein Blick auf die Baumustertabelle oben auf dieser Seite.

Ergonomische Aspekte im Fahrerhaus spielten auch bei Militärfahrzeugen eine große Rolle.

Außer den Baumustern gibt es weitere Identifikationsmerkmale

- Radstände: von 2220, 2350, 2670 bis 2900 mm
- Motoren: M 180, M 130, OM 615
- Fahrerhaus 404.1: Klappverdeck, Ganzstahl mit und ohne Luke
- Fahrerhaus 404.0 vom U 406/416: Kippbar mit Klappverdeck oder Ganzstahl mit und ohne Luke
- Ausführung: NATO und nicht NATO
- Aufbauten: Pritsche plus Plane, Funkkofferaufbau und 22 andere Aufbauten für die Bundeswehr
- Fahrgestelle: Baureihe 404.1 (Torso)
- Doppelkabine: BM 404.114 (900 Stück für die Bundeswehr gebaut)
- Streitkräfte: landestypische Merkmale
- Farben: Grüntöne, Gelbtöne, Rottöne und andere mehr
- Heckmotorvarianten: SH und T

Links
Die Frontscheibe erhielt ab der Hauptserie unten ein breites Blechband mit den Scheibenwischern.

Rechts
Die Anordnung der Blinker und Tarnlichter wurde bis zur Hauptserie (Bild) oft geändert.

Der Unimog-S der Baureihe 404.1und mit dem Baumuster 404.111. Das Fahrzeug vom Mai 1955 entstammt der Anfangsserie und wurde an die französische Armee am Dienstort Oberkirch/Baden ausgeliefert. Einige dieser Unimog hatten schon das synchronisierte Getriebe UG 1/11-2.

2–2,5 mkg

Unimog-S Fahrerhausvarianten

Von zwei Baureihen und zehn Baumustern wurden viele Aufbauvarianten abgeleitet. Insgesamt wurden 44700 Fahrzeuge mit Klappverdeck und 7700 Fahrzeuge mit Ganzstahlfahrerhaus (FHS) ausgeliefert. Hinzu kommen noch 900 Fahrzeuge mit Doppelkabine und 430 Torso für Attrappen. Zu den restlichen 10500 Unimog-S-Fahrzeugen aus der Anfangszeit gibt es keine Angaben.

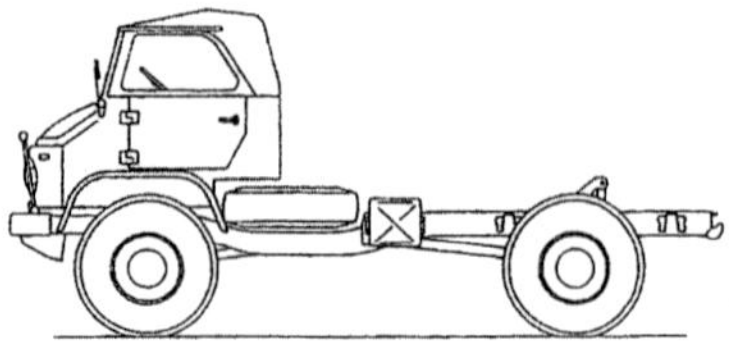
1

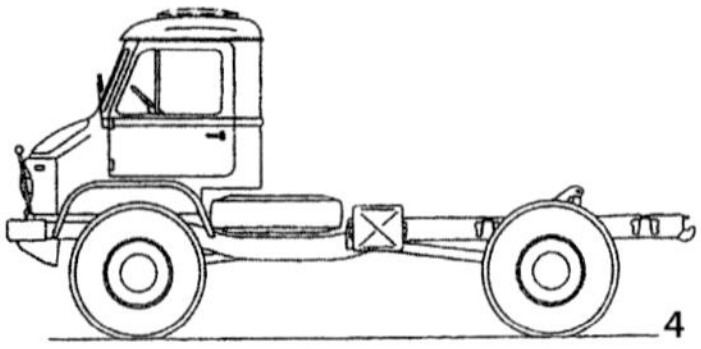
4

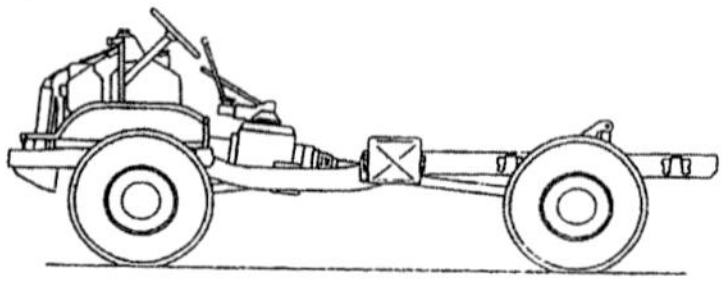
2

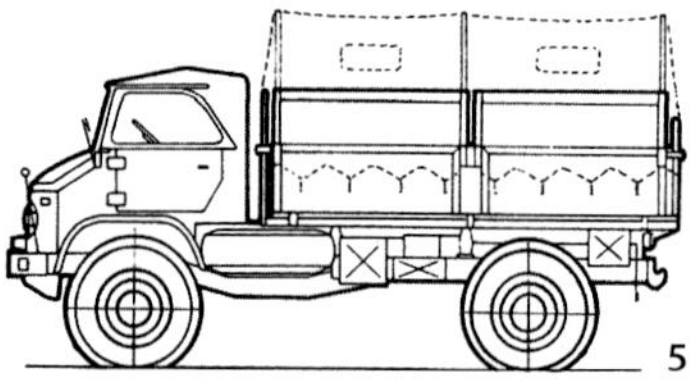
5

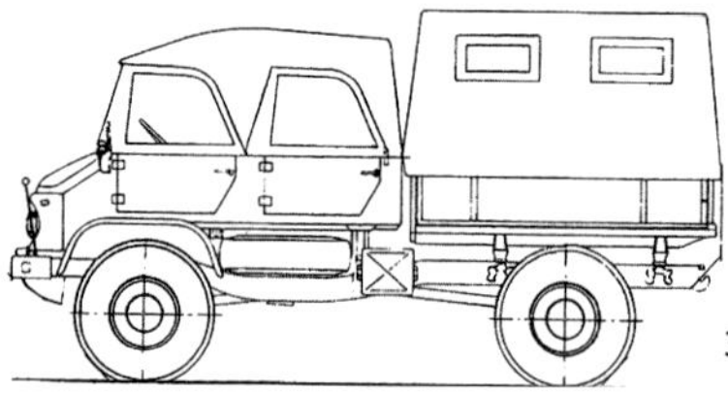
3

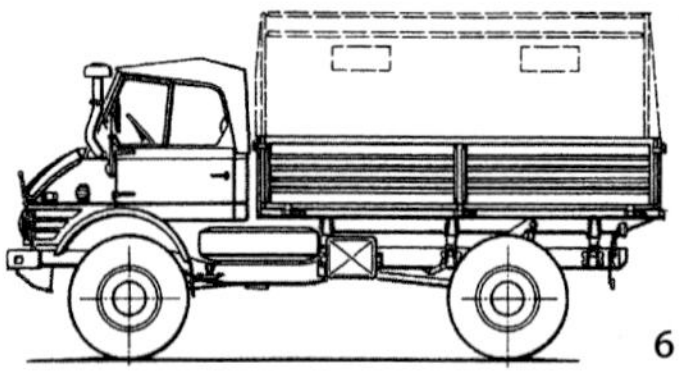
6

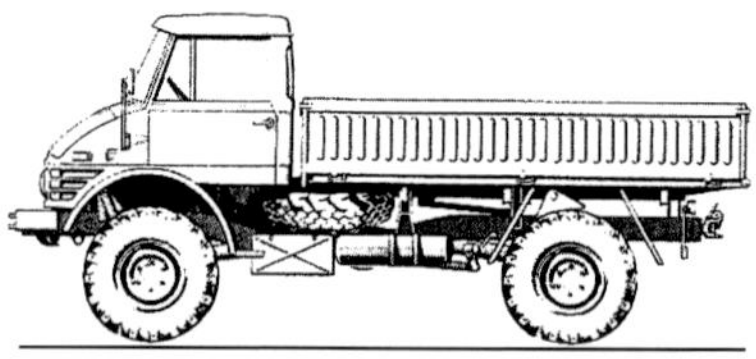
7

Bild Nr.	Baureihe	FHS-Typ	FHS kippbar	Baumuster	Bemerkung
1	404.1	Klappverdeck	nein	404.111, 112, 113, 114	
2	404.1	Torso	nein	404.114	Fahrgestell
3	404.1	Doppelkabine*	nein	404.114	kurze Pritsche
4	404.1	Ganzstahl	nein	404.112, 113, 114, 115	
5	404.1	Klappverdeck**	nein	404.111, 112, 113, 114	BW-Standard
6	404.0	Klappverdeck***	ja	404.010, 012, 117	U 416-FHS
7	404.0	Ganzstahl***	ja	404.011, 013	U 406-FHS

* 900 Stück für Bundeswehr, ** mit Pritsche, *** Fahrgestelle

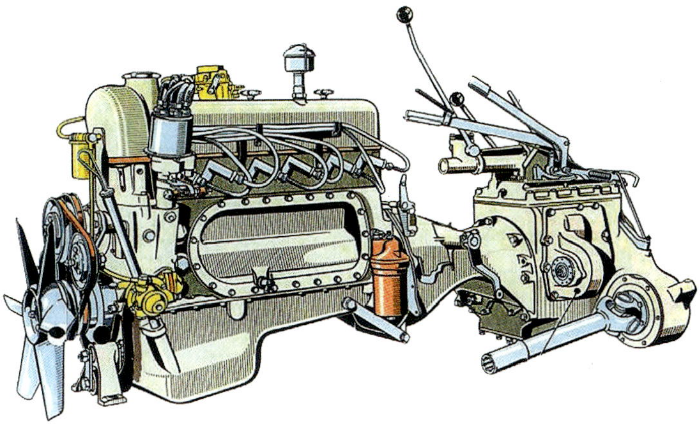

Motor M 180 mit dem Unimog-Getriebe UG 1/11

15 Motorenbaumuster für den Unimog-S

Die Motoren für den Unimog-S stammen alle aus dem Fundus von Mercedes-Benz und sind mit einem Kürzel versehen. Der Dieselmotor ist mit dem Kürzel **OM** (Oelmotor) und die Ottomotoren (Vergaser- bzw. Benzinmotor) sind mit dem Kürzel **M** versehen. Beim Unimog-S waren dies hauptsächlich die Motoren der Baureihe M 180 und M 130. Nach den dreistelligen Zahlen für die Motorenbaureihe folgten für das Motorbaumuster (Mbm) drei weitere Zahlen wie beispielsweise 180.**928**. Bei den Baureihen 404.1 und 404.0 gibt es 15 Varianten.

Motor M 180 vom PKW 220 S

Der M 180 ist ein Sechszylinder-Benzinmotor aus dem Mercedes-Benz-Pkw-Programm. Bei identischem Hubraum von 2195 cm^3 wurde die PS-Zahl des Pkw 220 S von 115 auf etwa 85 PS reduziert. Bereits bei den ersten Prototypen wurde 1953 das Motorbaumuster (Mbm) 180.920 eingebaut. Bei der Anfangsserie ab Mai 1955 wurden mehrere Baumuster verbaut. Nachgewiesen sind die Mbm 180.922 mit 85 PS und 180.927 mit 80 PS. Ab dem Folgejahr wurde es noch umfangreicher. Ein Mbm 180.926 mit ebenfalls 85 PS sowie das Mbm 180.927 mit 82 und die ersten Mbm 180.928 mit 80 PS. Ab 1957 blieb das Leistungslevel konstant und pendelte sich bei 82 PS ein. Dokumentiert sind auch 117 weitere Fahrzeuge mit 85 PS mit dem Mbm 180.931. Zwischen 1961 und 1968 gab es für die Feuerwehren ein Mbm 180.942 mit 92 PS. Danach kam bis 1976 das Mbm 180.952 mit gleich viel Leistung zum Einsatz. Da das Mbm 180.953 mit 82 PS die gleiche Leistung wie das Mbm 180.958 hatte, wurde letzteres nur in die Baureihe 404.0 (U 406er-Fahrerhaus) eingebaut. Sehr häufig unterscheiden sich die Motorbaumuster einzig durch die Art der Verdichtung, die Leistung der Lichtmaschine und die Entstörungsart der Zündanlage.

In aufgeräumter Position zwischen den beiden Längsträgern: der Sechszylinder-Benzinmotor M 180

Baureihe 404.0, Baumuster 404.113, Mbm 130.925, 110 PS, mit kippbarem U 406-Fahrerhaus

M 130 mit 110 PS

Der M 130 war mit 110 PS ein Kraftpaket. Er kam mit dieser Motorisierung häufig als Feuerwehrfahrzeug zum Einsatz. Als Mbm 130.922 war er auch 46-mal in der Baureihe 404.1 verbaut. Es wurde viel darüber spekuliert, ob es diesen Einbau überhaupt gab. Diese 46 Unimog-S sind aber nachweislich dokumentiert. Als Mbm 130.925 wurden die 110 PS-Motoren dann in über 500 Fahrzeugen der Baureihe 404.0 (Unimog-S mit kippbarem U 406/416 Fahrerhaus) verbaut.

OM 615 mit 60 PS im Unimog-S

Mit dem Dieselmotor OM 615.932 mit 60 PS, bekannt durch den U 421 und des MB-Pkw 200 D (W115), wurden 1969 und 1970 insgesamt 81 Unimog-S für Portugal beziehungsweise dessen afrikanische Kolonie Angola geliefert. Nach Recherchen war dieser OM 615 in der Baureihe 404.1 bereits mit dem kippbaren 406er-Fahrerhaus eingebaut. Für den europäischen Markt wäre eine solche »Untermotorisierung« nicht möglich gewesen.

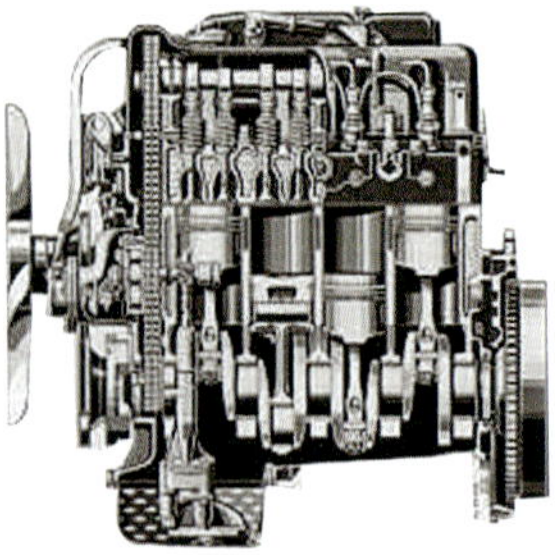

Der OM 615 mit 60 PS

Wichtige Motorenbaumuster des Unimog-S

Unbedeutendere Motorenbaumuster (Mbm) wurden in der Liste nicht berücksichtigt. Hauptkriterium war die Stückzahl. Insgesamt waren es 20 Mbm.

Mbm	PS	Zeitraum	Stückzahlen	für Baumuster
180.920	75	1953	ca. 2	MU 80/0
180.922	85	1955–57	135	111, 112
180.926	85	1957	62	111, 112
180.927	80	1955–56	1450	113, 114
180.927	82	1956–69	9322	111, 112, 113, 114
180.928	80/82	1957–77	43114	113, 114, 115
180.929	82	1957–68	1619	113, 114,115
180.931	85	1957	117	115
180.942	92	1961–68	61	113
180.943	82	1960–61	592	113, 114
180.944	90	1957–59	10	Unimog SH
180.952	92	1969–76	270	113, 114
180.953	82	1967–76	5540	113, 114
180.958	82	1971–80	1265	010, 011
130.922	110	1968–70	46	113
130.925	110	1971–80	525	012, 013
615.932	60	1969–70	81	117, Angola

Schnittmodell zum synchronisierten Unimog-Getriebe UG 1/11-2 aus dem Unimog-Museum. Die »2« steht für synchronisiertes Getriebe.

Das Getriebe UG 1/11 für den Unimog-S

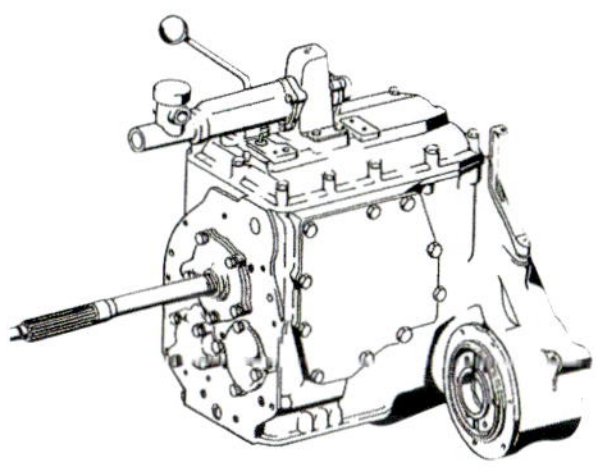

Getriebegehäuse zum UG 1/11

Wie bei den Vorgängern U 2010 und U 401 wurde bei den Prototypen MU 80/0 das unsynchronisierte Unimog-Getriebe UG1/11 (bis 1955 die Rollenlager- und danach die Gleitlagervariante) verwendet. Auch bei der Vorserie bis Mai 1955 und später bei der Anfangsserie bis zur Fahrgestellnummer 404.111-55-00300 fanden die unsynchronisierten Getriebe Verwendung. Aufgrund der Forderung der französischen Armee nach einem synchronisierten Getriebe, wurden aus Testgründen bis zur Endnummer 00300 immer wieder synchronisierte Getriebevarianten eingebaut. Die Unimog-Konstruktionsabteilung arbeitete seit 1953 an einem für die damalige Zeit sehr innovativen vollsynchronisierten Unimog-Getriebe auf der Basis des UG1/11. Die Verwendung beim Unimog-S erfolgte mit dem Anlauf der Fahrgestellendnummer 00301.

Das »neue Getriebe« mit sechs Vorwärts- und zwei Rückwärtsgängen konnte ab März 1957 auch für die Baureihe 411 als Sonderausstattung bestellt werden. Das Getriebe ist für beide Unimog-Baureihen identisch. Für die Straßenfahrt genügen mit dem UG 1/11 die Gänge 3 bis 6. Eine Anfahrt mit dem 3. Gang ist möglich. Die Gänge darunter sind für höhere Zugleistungen und kleinere Geschwindigkeiten vorgesehen. Die Gänge 1 und 2 können auch rückwärts gefahren werden.

An der linken Seite des Getriebegehäuses kann ein Nebenabtrieb (für Zapfwellen) angeflanscht werden. Er wird über einen Zusatzschalthebel ein- oder ausgeschaltet. Betreibt man die Zapfwelle bei Fahrzeugstillstand, muss man, um die Ölversorgung der drehenden Teile sicherzustellen, den Hauptschalthebel in die Gasse des 5. und 6. Ganges legen.

An der Unterseite kann ein Kriechgang-Zusatzgetriebe angeflanscht werden. Mit diesem Getriebe können die Gänge 1 und 2 ins Langsame untersetzt werden. Der Unimog-S war also der erste Unimog mit synchronisiertem Getriebe.

3D-Zeichnung mit Gehäuse, Zahnrädern, Wellen und Lager

Der erstmals beim Unimog-S eingesetzte gekröpfte Rahmen war später für viele andere Baureihen richtungweisend.

Eindrucksvolle Darstellung der Rahmenverwindung des »S« im Unimog-Museum

Das Ersatzrad auf der Pritsche musste auf Wunsch der französischen Kunden an anderer Stelle untergebracht werden.

Der Rahmen als Garant für Geländetauglichkeit

Mit dem Rahmenkonzept gingen die Konstrukteure neue Wege. Die Prototypen hatten noch einen geraden Längsrahmen, nach dem Vorbild der Baureihe 401. Durch das aufgestellte Ersatzrad auf der Pritsche gingen bis zu zwei Plätze verloren. Diese Situation gefiel den französischen Kunden nicht und sie verlangten bis zur Auslieferung eine adäquate Abhilfe. Die Lösung war ein im Mittelbereich nach unten gekröpfter Rahmen. So fand das Ersatzrad waagerecht unter der Pritsche Platz, und das Getriebe sowie das lange hintere Schubrohr lagen größtenteils im Schutz des Rahmens und waren keiner Bodenberührung ausgesetzt. Ein weiterer positiver Effekt war die höhere Verwindungstauglichkeit im Gelände.

Die beiden U-Längsträger des Leiterrahmens sind relativ steif für eine hohe Lastaufnahme ausgelegt, und die zehn verschiedenartigen Z- und O-Querverbindungen (einschließlich der Frontstoßstange) haben verschiedene Profilformen mit unterschiedlicher Formgebung. Sie sind mittels Zwischenblechen oder tulpenförmigen Ausstülpungen mit den Längsträgern biegeweich vernietet. Auf diese Weise war der Rahmen in Bezug auf Verdrehung und parallele Verschiebung verwindungsweich ausgelegt und erhöhte die Achsverschränkung erheblich.

Mit derartigen Geländebedingungen hat der Unimog dank des Rahmenkonzepts keinerlei Probleme.

Die Baureihe 404.1 mit Ganzstahlfahrerhaus

Baumuster: 404.112, Fahrgestellnummer: 404.112 65 00535, Baujahr: 1956, Motor: M 180 mit 85 PS, Aufbau: Firma Harmening/Bückeburg mit Dachluke; ursprünglich Tanklöschfahrzeug TLF 8, später in Trier als Entgiftungsfahrzeug eingesetzt, heute im Besitz des Unimog-Museums in Gaggenau.

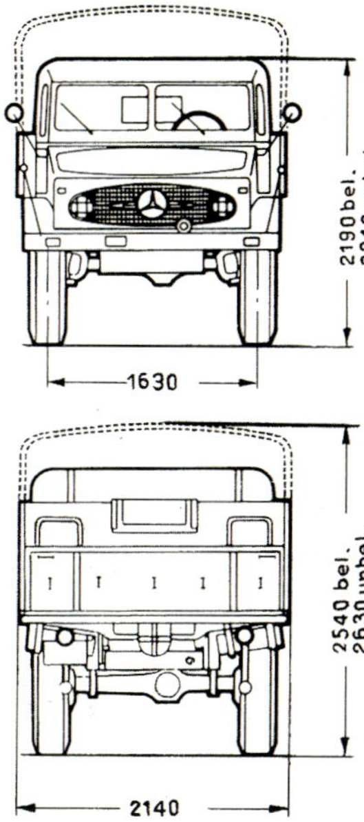

Manuell am Reißbrett gefertigte Strichzeichnung des Unimog-S

Baumuster: 404.113, Fahrgestellnummer: 404.113 043160, Baujahr: 1966, Motor: M 180 mit 82 PS, Metz-Ganzstahlaufbau mit Gruppenkabine für neun Personen, Löschgruppenfahrzeug LF 8-TS, Vorbaupumpe Typ FPV 8/8; ursprünglich bei der Freiwilligen Feuerwehr Häusern eingesetzt, heute im Unimog-Museum. Noch heute gibt es auf dem Land kleinere Feuerwehren, die mit diesem Fahrzeug bestens bedient wären.

Sonderausgabe einer Prospektserie von Mercedes-Benz aus den 1960er-Jahren

Der etwas andere Unimog

Unimog-Exoten weichen meist von den Standards des Universal-Motor-Geräts ab und werden oft zu Universal-Unikum-Exoten. Jeder Unimog-Liebhaber lässt hier seinen Ideen freien Lauf. Selbst das Unimog-Museum hat vor vier Jahren den Unimog-Exoten eine Foto-Sonderausstellung mit 200 Beispielen gewidmet. Natürlich sieht der heutige Unimog-Exot ein wenig anders aus als früher, aber durch das Grundkonzept der Unimog-Erfinder vor 70 Jahren war diese Entwicklung fast vorprogrammiert.

Einsatzfähiger Unimog-S mit Holzvergaser. Privater Umbau auf Basis des Baumusters 404.114; Verbrauch: Ein Sack trockenes Buchenholz für eine Betriebsstunde; Standort des Fahrzeugs: Paffing bei Wasserburg am Inn.

Backenbremsen waren beim Unimog-S der Standard.

Ist dieses Fahrzeug auch ein echter Unimog-S? Nur bedingt, denn der Antriebsstrang, der Rahmen, die Achsen und die Pritsche stammen vom U 406. Das Fahrerhaus kommt von der Baureihe 404.1. Dennoch ein gelungener Umbau mit Standort im Kreis Rosenheim/Oberbayern.

Der Unimog-S bei den Streitkräften

Der Unimog-S wurde bei der Bundeswehr vorwiegend beim Heer eingesetzt, aber auch bei Marine und Luftwaffe. Meist waren es Pritschen- und Kofferfahrzeuge. Es gab aber auch Feuerwehr-, Kranken- und Fahrschulwagen sowie Attrappen- und Pionierfahrzeuge. Nach Gründung der Bundeswehr im Jahr 1955 begannen die ersten Fahrzeugerprobungen. Die erste Auslieferung erfolgte am 17. 10. 1956, es folgten im gleichen Jahr noch weitere 660 Unimog. 1957 waren es dann schon 1367 Fahrzeuge.

Vom Baumuster 404.114 wurden vorwiegend für die Bundeswehr 49300 Fahrzeuge mit verschiedenen Aufbauten gebaut; hier mit Funkkofferaufbau und der Farbe Tarnfleck beim UCG-Jahrestreffen 2014 in Aufenau.

Von diesem MB-Pkw 220 S stammt der Unimog-S-Motor M 180.

Das Baumuster 404.114 in der Ausführung für die Schweizer Armee. Ersatzteilwagen A 3 für Ersatz- und Verschleißteile militärischer Fahrzeuge aller Art. In den 1990er-Jahren auch als Diagnosewagen u.a. für defekte Panzer eingesetzt. Das Fahrzeug befindet sich im Unimog-Museum in Gaggenau.

Im Experten-Magazin »Unimog-Spezial« findet der interessierte Leser viele Tabellen, Grafiken und seltene Fotos zum Unimog-S und SH & T (siehe auch unter: www.unimog-club-gaggenau.de).

Die Baureihe 404.0 mit U 406er-Fahrerhaus

Die Baureihe 404.0; Baumuster 404.010; Motor M 180 mit 82 PS; Klappverdeck und kippbares Fahrerhaus U 406. Diese Baureihe wurde ab 1970 knapp 100-mal gebaut.

Die Freiwilligen Feuerwehren hatten ihre Einsätze mit der Baureihe 404.0 bestens im Griff. Dieser Unimog-Typ mit seinem agilen Benzinmotor war schnell und wendig und mit dem richtigen Kofferaufbau allen Einsätzen gewachsen. Umfangreiche Ausrüstung für Hilfeleistungen konnte in Schubladen, unter Halterungen und hinter Rollläden verstaut werden.

Auch bei den Feuerwehren in Belgien war die Baureihe 404.0 sehr gefragt.

Der Unimog-S; Baureihe 404.0; Baumuster 404.013; Baujahr 1973; Benzin-Motor M 130 mit 110 PS; Metz-Aufbau und kippbares U 406-Fahrerhaus. Ehemals als TroLF bei der Feuerwehr in Flatwil/Schweiz und später beim DRK in Ettlingen/Baden im Einsatz.

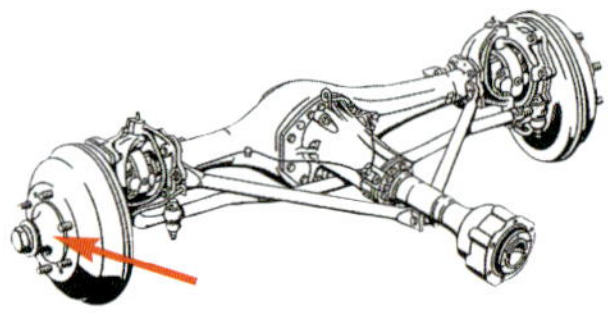

An der großen Außennabe (Pfeil) und dem U 406/416-Fahrerhaus kann man die Baureihe 404.0 gut erkennen.

Über 65 Jahre Unimog-S

Der erste Prototyp von 1953. Er wurde von TOTAL für die Flughafenfeuerwehr in Frankfurt ausgerüstet. Motor: M 180, Radstand: 2220 mm, gerader Leiterrahmen U 120 x 70 und 4100 x 770 mm; später mit dem OM 615 zum Diesel umgebaut; Standort des Fahrzeugs: Oberlausitz.

Das Baumuster 404.111 aus dem Jahr 1955, ausgeliefert an die Französische Armee. Radstand 2670 mm, Motorleistung 85 PS. Die Sitzbänke waren innen so angeordnet, dass die Soldaten Rücken an Rücken saßen. Von diesem Baumuster wurden von 1955 bis 1957 1208 Exemplare gebaut. Standort des Fahrzeugs: Nähe Karlsruhe/Kraichgau. Die Frontscheibe des hier abgebildeten Unimog ist jedoch nicht original.

Wohnmobil, umgebaut auf Basis eines 100 PS-Turbodiesel-IVECO-Motors; Baumuster 404.114, Baujahr 1963. Standort des Fahrzeugs: Schweiz

Unimog-SH und T mit Heckmotor

Der »Panzer« unter den Unimog

Der »Panzerfahrer« hatte sein Cockpit direkt über der Vorderachse.

Kurz nach Produktionsbeginn der Hauptserie im Oktober 1956 begannen die Unimog-Konstrukteure, ein beschusssicheres Fahrzeug zu entwickeln. Die positiven Eigenschaften des Unimog-S waren genauso im Lastenheft verankert wie die niedrige Bauhöhe, Schnelligkeit und Wendigkeit, eine starke Bewaffnung und der Einsatz des bereits bewährten Benzinmotors M 180.

Die Konstrukteure legten das Baumuster 405.110 fest und nannten es Unimog-SH. Das H stand für Heck, denn dorthin wurde der Motor versetzt. Direkt daneben, auf dem Kotflügel, wurden die Benzintanks montiert. Der Kühler und die Abgasanlage komplettierten das Heck. Vorn saß, leicht rechts versetzt, der Fahrer direkt über der Vorderachse, links und rechts neben ihm die Kotflügel und vor sich das Lenkrad , welches wie abgeklappt erschien. Vor dem Fahrer gab es ein kleines schusssicheres Sichtfenster und rechts daneben befanden sich die Armaturen. Da wenig Platz war, wurde das Lenkrad direkt parallel vor die schräg stehende Frontstahlplatte gestellt. Das Lenkrad richtig zu bedienen, verlangte viel fahrerisches Können. Der Radstand betrug, analog der Prototypen, 2350 mm, die Niederdruckreifen 12–18 waren größer als beim Unimog-S. Als Motor wurde der M180 mit 90 bis 95 PS gewählt. Bereits 1956/57 konnte das erste SH-Fahrgestell mit der Fahrgestell-Nummer 405.110-75-90002 und dem Motorbaumuster 180.927-75-00150 montiert werden. Den gepanzerten Aufbau lieferte die Ruhrstahl AG in Witten-Annen.

Der Motor des SH wurde ins Heck verlegt.

Unimog-SH, hier noch ohne Geschützturm, bei Vorführungen vor Bundeswehr-Offizieren auf dem Gaggenauer Testgelände »Sauberg« Im Gelände hatte er Eigenschaften wie sein Vorbild, der Unimog-S.

Die Unimog-SH im Belgisch-Kongo

Die Position der Lenkung war beim SH sehr eigenwillig und wurde oft kritisiert.

Für die Polizei ihrer afrikanischen Kolonie Belgisch-Kongo – der heutigen Demokratischen Republik Kongo – bestellte die belgische Regierung 24 Unimog-SH mit Maschinengewehraufbauten. Zuvor wurden die 1960 in Gaggenau produzierten Fahrgestelle in Schweden komplettiert, also mit einer starken Panzerung versehen. 1962, also zwei Jahre später, wurden per Schiff die ersten neun SH in das von einem brutalen Bürgerkrieg heimgesuchte Belgisch-Kongo transportiert. Empfänger waren die UN-Friedenstruppen aus Äthiopien, die diese »kleinen Panzer« massiv gegen die nach Unabhängigkeit strebende Bevölkerung einsetzte. Wegen der andauernden Konflikte wurden 15 weitere Fahrzeuge bei der Aufbaufirma in Schweden zwischengelagert. Erst zehn Jahre danach, im Jahr 1972, konnten diese Geräte an eine Sicherheitsabteilung der Republik Irland »APC« verkauft werden. Nach der Außerdienststellung Ende der 1980er-Jahre wurden zwei Unimog-SH von Museen übernommen. Ein Fahrzeug steht heute im Nationalen Transportmuseum in der Nähe von Dublin, das andere Gerät befindet sich im englischen Mucklebürgh. Engagierte private Sammler auf der britischen Insel sicherten sich drei weitere dieser Fahrzeuge. Andere interessante Aufträge für den Unimog-SH kamen in der Folge nicht zustande, obwohl es auch bei der Bundeswehr an den Standorten Koblenz, Trier und Munster zu Gesprächen sowie zu überzeugenden Vorführungen kam. Nach Informationen von ehemaligen Mercedes-Benz-Außendienstmitarbeitern wurden bereits im Jahr 1957 sechs Fahrgestelle mit Heckmotor nach Indien geliefert.

Vorführungen des SH ohne Panzerung vor kanadischen Offizieren auf dem »Sauberg« im Jahr 1956.

1 Gruppenbild mit Unimog-S, U 411c und Unimog-SH

2 Vorführung des SH im Jahr 1961 in Belgien

3 Erprobung noch ohne gepanzerten Turm

4 Eines von mehreren Testfahrzeugen des Unimog-T mit Ansicht des Heckmotors M 180 (92 PS) und der ausgefallenen Sitzposition des Fahrers

5 Experimentierchassis zum Unimog-T

Unimog-T mit den Reifen 14,5-20

Die Weiterentwicklung des Unimog-SH

Die Unimog-Konstrukteure und der potenzielle Kunde Bundeswehr sahen beim SH noch Handlungsbedarf. Der weiterentwickelte Unimog-SH wurde ebenfalls als Baureihe 405 geführt und mit dem Baumuster 405.110 Unimog-T genannt. Er hatte den Radstand vom Unimog-S von 2900 mm. Im Lastenheft war als Vorgabe zu lesen, dass alles, was sich beim SH bewährt hatte, beibehalten werden sollte. Die Bereifung wurde auf 14,5-20 vergrößert und die Bodenfreiheit auf 450 mm festgelegt. Bei der Motorisierung entschied man sich für den bewährten M 180 mit »hochgeschraubten« 92 PS. Diese Motorleistung brachte das 6,5 Tonnen schwere Gerät auf eine Höchstgeschwindigkeit von annähernd 85 km/h. Die strategischen Zielgruppen waren: Funk- und Sanitätskompanien sowie die Grenadierbataillione mit ihren Mannschaften. Als Panzerung wurden ein 5 bis 10 mm starker Spezialstahl gewählt. Im Juli 1962 konnte der erste T dem Bundesverteidigungsministerium vorgestellt werden. Zirka sechs Fahrzeuge wurden mit verschiedenen Aufbauten und Rüstsätzen ausgerüstet. Eine ausgiebige Erprobung bei der Truppe zog aber keine Bestellungen nach sich. Das war das Aus für den hochgelobten T.

Versuchsträger mit ZF-Hydrolenkung, stehenden Pedalen, mechanischer Fernschaltung und Heckmotor

Im Jahr 2001 brachte Mercedes-Benz eine weitere Baureihe 405 heraus. Es handelt sich um den Geräteträger Unimog U 300, 400 und 500. Das Fahrzeug hat mit dem Kleinpanzer T allerdings überhaupt nichts gemeinsam.

Unimog-Baureihe 405 (U 400) der Gegenwart

Baureihe 411

Der Ur-Unimog meldete sich zurück

Unimog U 411, Baumuster 411.110, 30 PS, Radstand 1720 mm, Baujahr 1956

Mit der Baureihe 411 gaben die Konstrukteure in Gaggenau dem Ur-Unimog eine weitere Chance. Die Hintergründe dafür lagen im Werk Gaggenau selbst begründet, denn trotz des zusätzlichen Anlaufs des Unimog-S forderte der Betriebsrat eine ausgewogenere Auslastung in der Produktion.

Die äußere Form, die technischen Daten und die Zielgruppen des Fahrzeugs hatten sich nur unwesentlich verändert. Und im Prinzip war es immer noch ein Unimog der Baureihe 401. Doch es gab eine ganze Reihe Neuerungen: die Leistungssteigerung von 20 %, ein kurzer und ein langer Radstand, ein verändertes Frontgrilldesign, verbesserte Sitze und anderes mehr.

Im August 1956 begann die Produktion. Als Motorisierung erhielt der erste Typ dieser »neuen Baureihe« den bis dahin bewährten OM 636.914 mit leicht geänderten Leistungsdaten von 2550 U/min und 30 PS. Die Baureihe 411, gebaut von 1956 bis 1974, bestand aus den vier Typen U 411, U 411a, U 411b und U 411c.

Der erste aufgelegte Typ U 411 wurde von August 1956 bis Oktober 1961 in 17844 Exemplaren gebaut. Ab 1956 gebaute Baumuster waren der 411.110, 111, 112 und 113. Seit Produktionsbeginn des Unimog im Jahr 1951 (U 2010, U 401, U 402, Unimog-S) bei der Daimler-Benz AG waren bis zum U 411-Start 16250 Unimog verkauft worden. Der Fokus lag mit der neuen Baureihe 411 im Jahr 1956 noch stärker als bisher auf den Aspekten verbessern, vorführen, verkaufen, Anbaugeräte erproben und freigeben und Unimog-Werkstätten im In- und Ausland ausbauen.

Der U 411 mit einem Radstand von 1720 mm (oben) und einem Radstand von 2120 mm (unten)

U 411 (30 PS*)

Bauzeit 8/1956 bis 10/1961

Baumuster 411.110, 411.111, 411.112, 411.113, 411.117, 411.116**

Fg.-End-Nr. 0001 bis 017844

Motor OM 636.914

Stückzahlen 17844

* 32 PS, ** Bm 116 mit 25 PS

U 411 a (32 PS)

Bauzeit 10/1961 bis 01–03/1963

Baumuster 411.110, 411.112, 411.117

Fg.-End-Nr. 017845 bis 023400

Motor OM 636.914

Stückzahlen 5556

U 411 b (32 PS)

Bauzeit 01–03/1963 bis 02/1965

Baumuster 411.118, 411.119, 411.120

Fg.-End-Nr. 023401 bis 029653

Motor OM 636.914

Stückzahlen 6253

U 411 c (34 PS*)

Bauzeit 02/1965 bis 10/1974

Baumuster 411.118, 411.119, 411.120, 411.114, 411.115, 411.160 (Bausatz)

Fg.-End-Nr. 029654 bis 039581

Motor OM 636.914

Stückzahlen 9928

* 36 PS

Triebkopf Tk

Typen Tk 411, Tk 411a, Tk 411b, Tk 411c, Tk U34, TK U36T, Tk 411T

Bauzeit 12/1957 bis 10/1974

Baumuster 411.117, 411.119, 411.120

Fg.-End-Nr. 029654 bis 039581

Motor OM 636.914

Stückzahlen Alle Tk ca. 700

32 bis 36 PS

Baureihe 411 Typen- und Herstellungssytematik

Gesamtstückzahl Baureihe 411: 39581
einschließlich der Triebköpfe bei den Bm

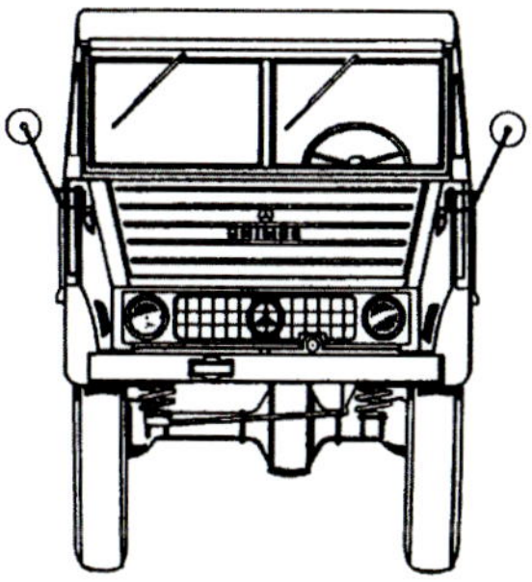

Baureihe 411, Cabrio

Baureihe 411, DvW-Westfalia FHS

UNIMOG-Programm

Typ	411	421	403	413	406	416	404
Radstand	1720 2120 2570	2250 2605	2380	2900	2380	2900	2900
Fahrerhaus	UF 1	UFH 4	UFH 3				UF 2 UFH 3
Motor	OM 636	OM 616	OM 314		OM 352		M 180 M 130
Getriebe	UG 1/11	UG 2/27					UG 1/11
Vorderachse	AU 2/3S	AU 2/4S	AU 2/6S				AU 1/3S
Hinterachse	HU 2/3S	HU 2/4S	HU 2/6S				HU 1/3S
Lenkung	ZF 40	ZF 40	ZF 8058				L 2 ZF 8036

Quelle: Daimler AG

Der U 411a, Radstand 2120 mm, Motorleistung 32 PS, Ausführung DL, kurze Pritsche, mit Forst- und DLG-Plakette; Preis 1961/62: 14720 DM

Nur 18 Monate gebaut: der U 411a

Ab Oktober 1961 wurde die Produktion des Fahrerhauses Westfalia Typ B beim 411er eingestellt.

Auf den U 411 folgte ab Oktober 1961 der U 411a. Er wurde bis März 1963 in 5556 Einheiten gebaut. Mit dem U 411a gingen zudem umfangreiche Modellpflegemaßnahmen einher, und die Baumuster wurden von sieben auf drei reduziert. Das synchronisierte Unimog-Getriebe UG 1/11 war seit 1959 ein Serienbauteil. Der Rahmen war für höhere Belastungen ausgelegt und die Pritsche als eigenständiges Bauteil vom Fahrerhaus getrennt. Hydraulische lösten die pneumatischen Kraftheber ab, und das Fahrerhaus wurde von den Konstrukteuren auf eine komfortablere Dreipunktlagerung gesetzt. Mit dem Baumuster 411.117 kam 1961 dann auch das breitere Ganzstahlfahrerhaus »Typ DvF« von Westfalia zum Einsatz.

Aufgesetzter Scheinwerfer

Abstand zwischen Fahrerhaus und Pritsche etwa 30 mm

Lagerpunkt der Dreipunktlagerung

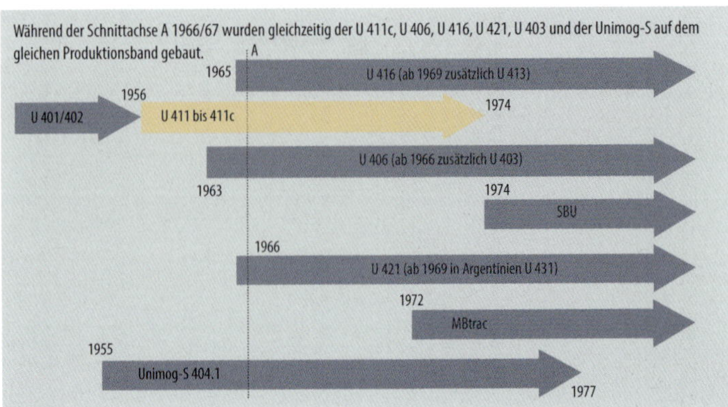

Der 411b, Baumuster 411.118, wurde ab 1963 produziert.

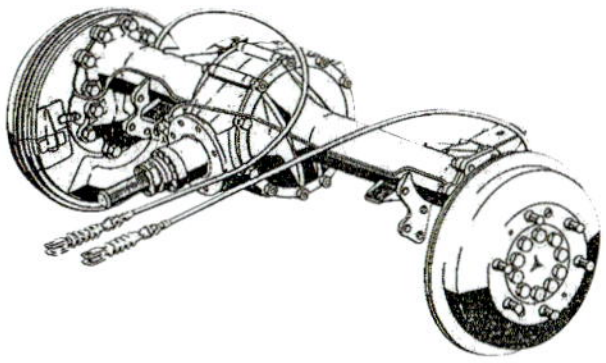

Neue Guss-Achse aus drei Teilen

Der 411b mit der neuen Guss-Achse

Durch die Vorgängertypen U 411 und U 411a hatte dieser Unimog bereits viele Änderungen erfahren. Die Produktion begann im Januar 1963 mit der Fahrgestell-Endnummer 022 986. Den größten Technologieschub erhielt dieser U 411b jedoch durch die sogenannte »neue Guss-Achse«. Bei dieser Achse waren die Herstellungskosten bedeutend geringer. Auch die Baumuster erfuhren etliche Änderungen und wurden dabei etwas »durcheinandergewirbelt«, denn die Baumuster 411.110, 112 und 117 vom Vorgänger wurden nun durch die Baumuster 411, 118, 119 und 120 ersetzt. Kurz vor Produktionsumstellung (Endnummer 029301) auf den U 411c wurde die Frontscheibe für eine bessere Sicht um 40 mm erhöht. Nach 24 Monaten und 6253 produzierten Fahrzeugen von diesem Typ »b« wurde dann im Februar 1965 die Produktion dieses Typs eingestellt.

Verschraubtes Differentialgehäuse zwischen den Achshälften

Neue Achse ab 1963 ohne Außennabe (links) und alte Blechachse bis 1963 mit Außennabe (rechts)

Typ	Verkaufs-bezeichnung	PS	Bauzeit	Baumuster	Radstand in mm	FHS
U 411b	U 32, D 32	32	1/63–2/65	411.118	1720	Cabrio
U 411b	U 32, DL 32	32	1/63–2/65	411.119	2120	Cabrio
U 411b	U 32, DL 32	32	3/63–2/65	411.120	2120	DvF

Die drei U 411b-Baumuster

Fahrzeug der Baureihe 411, Typ 411c, Baumuster 411.119, Baujahr 1966, Farbe Unimog-Grün DB 6286

Das Unimog 411-Buch zur Typengeschichte und Technik vermittelt ein umfangreiches Wissen über die Baureihe 411.

Das Flaggschiff U 411c

Nach dem Typ 411b kam im Februar 1965 innerhalb der Baureihe 411 das Flaggschiff U 411c auf den Markt. Die Leistung wurde bei 2750 U/min auf 34 PS hochgesetzt. Bei den Baumustern gab es einen Zuwachs auf sechs Baumuster (siehe Seite 61). Wie bei den anderen U 411-Typen waren auch hier viele Modellpflegemaßnahmen im Detail vorgenommen worden. So zum Beispiel eine höhere Frontscheibe, ab 1966 die Einführung des Lkw-Grün DB 6277 als Standardfarbe, ab 1965 Dreikammerleuchten hinten, im Jahr 1967 Stoßfänger mit Sicken, ab 1971 große Blinkleuchten vorn, und anderes mehr. 1965 kostete ein U 411c in der Standardausführung D 34 etwa 15300 DM und in der Top-Ausführung schon fast 20000 DM. Die höhere Leistung reichte aber am Ende den Geräteherstellern noch nicht und sie forderten massiv, trotz den parallel produzierten U 406 und U 421, noch stärkere und größere Unimog. Im Oktober 1974 wurde die Baureihe 411 nach 39581 produzierten Fahrzeugen eingestellt. Und auch hier war es, wie häufig bei den letzten Serien eines auslaufenden Pkw: Die sogenannten »Kinderkrankheiten« waren beseitigt und das Fahrzeug ausgereift. Daher sind solche Unimog als Gebrauchtfahrzeuge sehr begehrt und im Zustand 2 bis 3 bereits für 12000 bis 15000 Euro zu haben. Im links abgebildeten Buch zum Unimog 411 vom Verlag GeraMond kann sich der Leser noch mehr über die 411er-Modellpflegemaßnahmen und die ganz spezielle Technik informieren.

Prospekt zum Unimog-Ganzstahl-Fahrerhaus Typ DvF von Westfalia für die Baumuster 411.117 und 411.120

UNIMOG 30

Unimog mit geschlossenem Fahrerhaus

Vielseitig verwendbares Universal-Motor-Gerät für Industrie, Gewerbe, für den Einsatz in Gemeinden, bei Lohnunternehmen und in Land- und Forstwirtschaft. Seine wesentlichen Merkmale sind: Allrad-Antrieb auf vier gleichgroße Räder · Differentialsperre in Vorder- und Hinterachse · Geschwindigkeitsbereich: 0,3 km/h bis über 50 km/h · Große Bodenfreiheit bei tiefer Schwerpunktlage · Gefederte Hinter- und Vorderachse · Teleskop-Stoßdämpfer · Drei Kraftabtriebe · Kraftheber hinten und vorn · Hilfsladefläche · Anbau und Aufbau zahlreicher Arbeitsgeräte.

Die Baureihe 411 im Einsatz

Ein U 411c, Bm 411.118, 34 PS der Schweizer Armee

Der U 411, Bm 411.110 mit 32 PS

Ein U 411a, Bm 411.112 mit 32 PS und einem Radstand von 2120 mm

Der U 411b, Bm 411.118 mit 32 PS

Ein U 411a, Bm 411.112 mit 32 PS und einem Radstand von 2120 mm

Ein U 411, Bm 411.117, DvF-Fahrerhaus und dem Rahmen in Chassisrot DB 3575

Der Einsatz bei Werkfeuerwehren

Der Ursprung aller Unimog-Feuerwehren war ab 1951 der U 2010; hier mit Feuerwehraufbau und Vollausstattung für acht Personen sowie einer Metz-Vorbaupumpe mit einer Leistung von 800 l/min.

Unimogs der Baureihe 411 waren auch im Feuerwehrbereich vielseitig einsetzbare Fahrzeuge. Wegen der geringen Abmessungen waren sie besonders in der Industrie und deren Werkfeuerwehren geschätzt. Ermöglichten sie doch das Befahren enger Hallen und Anlagen. Daneben dienten sie oft als Zugfahrzeug für die verschiedensten Feuerwehranhänger. In manchen Fällen wurde der Unimog nur im Einsatzfall zum Feuerwehrfahrzeug und war ansonsten mit den üblichen Aufgaben wie Winterdienst oder dem Rangieren betraut. Von großem Vorteil war, dass durch die vordere Zapfwelle viele Geräte wie Stromerzeuger, Kreiselpumpen oder Seilwinden angetrieben werden konnten und schnell austauschbar waren. In vielen Gemeinden, die nur einen Tragkraftspritzenanhänger besaßen, war der Unimog im Einsatzfall das bevorzugte Zugfahrzeug, bot er doch auf der Pritsche für die Mannschaft Platz und war mit 50 km/h Höchstgeschwindigkeit deutlich schneller als die üblichen Traktoren mit 20 km/h. Neben reinen Pritschenversionen gab es auch Rüstwagen, Trockenlöschfahrzeuge und Waldbrandlöschfahrzeuge auf Basis der Baureihe 411.

U 411 Mehrzweckfahrzeug der Feuerwehr Gmünd in Niederösterreich (Bild links)

U 411 im Einsatz bei einer Werkfeuerwehr als Mannschaftstransportwagen; jetzt außer Dienst gestellt (Bild rechts)

Exoten der Baureihe 411

Von links nach rechts 1. Reihe: U 411-Sattelzug mit Donges-Unikran; U 411a mit Straßenverdichter, **2. Reihe:** Silberpfeil mit XXL-Pritsche; Kabine vom VW-Bus; U 411-Raupe mit Schmidt-Schneefräse, **3. Reihe:** Gepanzerter U 411 für Angola, eine belgische Variante des U 411; Unimog auf einem U 411-Friedhof, **4. Reihe:** Baumuster 411.114 mit 2570 mm-Radstand; Spritzeinsatz eines 411er mit Astabweiser

Der »große Bruder« aus der Baureihe 406 erfüllte ab 1963 auch die anspruchsvollen Wünsche der Gerätehersteller.

Baureihe 406

Die Ansprüche an den Unimog steigen

Die Ansprüche der Unimog-Gerätehersteller waren sehr hoch, und die Baureihe 411 konnte mit ihren 32 PS Ende der 1950er-Jahre den gestiegenen Anforderungen nicht mehr gerecht werden. Daher erfuhr das Unimog-Programm mit der neuen Baureihe 406 ab 1963 ganz im Sinne der Gerätehersteller und der Kunden eine Erweiterung.

Die Baureihe 411 mit ihren 32 PS genügte den Ansprüchen nicht mehr.

Die Baureihe 411 stieß an ihre Grenzen

Die Baureihe 411 war Ende der 1950er-Jahre drei Jahre in der Produktion. Deshalb dachte der Unimog-Konstruktionschef Heinrich Rößler mit dem Leiter des Unimog-Versuchs Christian Dietrich über einen kräftigeren Unimog als Parallelprodukt zur Baureihe 411 nach. Mit seinen mageren 32 PS stieß der U 411 beim Einsatz von An- und Aufbaugeräten oft an seine Grenzen. Es entstanden daher erste Lastenhefte und Zielvorgaben für ein erweitertes Fahrzeug. Der überwiegend für Aufgaben der Streitkräfte bereits gebaute Unimog-S war als Mannschaftstransportwagen konzipiert und kam für andere zivile oder kommunale Aufgaben nur bedingt in Frage.

Solche Ausrüstungen standen bei den Geräteherstellern, in Verbindung mit großen und starken Unimog, im Fokus.

Weltweit gestiegene Ansprüche

Die nachdrücklichsten Forderungen nach einer »Schweren Baureihe« – so nannte man anfangs den U 406 – kamen aus der sich im Wandel befindlichen Landwirtschaft, denn die manuelle Arbeit wich mehr und mehr dem rationelleren Einsatz von Maschinen. Auch in der Landwirtschaft vollzogen sich ähnliche Prozesse in Bezug auf Arbeitskraft und Erträge wie in der Industrie. Die großen Betriebe wurden mit weniger Arbeitskräften und unter Einsatz leistungsstarker Maschinen und Geräte immer noch größer und kleinere Betriebe verschwanden.

Die Primärziele waren

- Eignung der neuen Baureihe als Zug- und Arbeitsgerät auch für schwere Arbeiten auf dem Feld, im Wald und im Gelände
- Eignung der Baureihe auch für den Einsatz Zugmaschine im Straßentransport

Der Prototyp Nr. 2 mit Ganzstahlfahrerhaus und der Stoßstange vom Unimog-S. Fahrzeug hatte noch keine Handbremse.

Der große Bruder der Unimog-Legende U 411

Das erste Lastenheft von 1958

Dem ersten Lastenheft war zu entnehmen, dass man sich bei dieser neuen Baureihe auf den Motor, das Fahrerhaus, das Getriebe, die Achsen, die Geräteanbaumöglichkeiten, den Rahmen und die Achslasten konzentrieren wollte. Die bewährten Unimog-Baugruppen sollten im Wesentlichen übernommen beziehungsweise beibehalten werden.

Vorserien-Unimog 406 als Baumuster 406.120 mit Klappverdeck für die DLG im Mai 1962 in München

Prototyp Nr. 1-Fahrerhaus mit Lüftungsschlitz neben den Scheinwerfern. Das Fahrerhaus war im Detail noch kantiger als das spätere Original.

Das Unimog-Grundkonzept blieb unverändert

Entsprechend dem längeren Radstand, den größeren zulässigen Gewichten und der deutlich höheren Motorisierung wurde das Fahrgestell ganz neu konzipiert. Hinzu kamen dann noch optimierte Achsen und ein der höheren Leistung angepasstes Getriebe (anfangs F-Getriebe). Die ursprünglich beim Unimog-S eingeführte Rahmen-Kröpfung stellte sich nun mehr und mehr als Vorteil bei Verwindungen und Steifigkeit im Gelände heraus.

U 65 (65 PS)	**U 70** (70 PS)	**U 80** (80 PS)	**U 84** (84 PS)	**Triebkopf**
Bauzeit 04/1963 bis 05/1966 **Baumuster** 406.120 und 406.121 **Fg.-End-Nr.** 0001 bis 5735 **Motor** OM 312.954 und OM 352.919 **Stückzahlen** 5735	**Bauzeit** 05/1966 bis 12/1968 **Baumuster** 406.120 und 406.121 **Fg.-End-Nr.** 5736 bis 9984 **Motor** OM 353.902 **Stückzahlen** 4248	**Bauzeit** 01/1969 bis 03/1971 **Baumuster** 406.120 und 406.121 **Fg.-End-Nr.** 9985 bis 15494 **Motor** OM 353.902 **Stückzahlen** 5509	**Bauzeit** 03/1971 bis 10/1989 **Baumuster** 406.120, 406.121, 406.142, 406.143, 406.145 **Fg.-End-Nr.** 15495 bis 37069 **Motor** OM 353.902 **Stückzahlen** 21577	**Typen** U 65 T, U 70 T, U 80 T **Bauzeit** 10/1965 bis 07/1968 **Baumuster** 406.130, 406.131, 406.133 **Motor** OM 312.954, 352.902 und 352.919 **Stückzahlen** Alle »T« ca. 550

Gesamtstückzahl: 37069

Typen- und Herstellungssystematik der Baureihe 406

Das Baumuster 406.121 (links) und das Baumuster 406.120 (rechts)

Die erfolgreichsten Baumuster

Die beiden erfolgreichsten Baumuster (BM) der Baureihe 406 von 1963 bis 1989 waren die BM 406.120 mit 12753 Stück (34,4 % Anteil) und BM 406.121 mit 22936 Stück (61,9 % Anteil). Die restlichen Baumuster spielten eine geringere Rolle in der Produktion. Das offene Fahrerhaus (Cabrio) hatte das Fahrerhaus-Baumuster 406.810 (nicht kippbar) und ab 1966 das Fahrerhaus-Baumuster 406.811 (kippbar). Beim Ganzstahlfahrerhaus war das Fahrerhaus-Baumuster 406.820 nicht kippbar und das Fahrerhaus-Baumuster 406.821 (ab 1966) kippbar. Von der Baureihe 406 wurden zwischen 1963 bis 1989 insgesamt 37069 Einheiten produziert.

Die permanenten Testfahrten auf dem »Sauberg« verbesserten den U 406 kontinuierlich.

Baumuster	Verkaufsbezeichnung/Typ	Ausführung
406.120	U 65, U 70, U 80, U 84	offenes Fahrerhaus
406.121	U 65, U 70, U 80, U 84	Ganzstahl-Fahrerhaus

OM 352 mit Unimog-Getriebe
UG 2/27 (F-Getriebe)

Die Motoren des U 406

OM 312 mit 65 PS

Die Prototypen der Baureihe 406 ab 1960/61 und die ersten 1766 Serienfahrzeuge wurden mit dem auf 65 PS gedrosselten OM 312, BM 312.954 ausgerüstet. Den schnelllaufenden Sechszylinder Vorkammer-Dieselmotor OM 312 stellte Mercedes-Benz bereits 1949 auf der Hannover-Messe im kleinen Mercedes-Lkw L 3250 vor. Der OM 312 hatte einen Hubraum von 4,6 Liter und damals eine Leistung im Lkw von 90 PS, ab 1953 von 100 PS. Große Bedeutung hatte der OM 312 später beim Lkw L 3500 und beim Omnibus O 3500. Im Juni 1964 erfolgte beim U 406 (U 65) ab Fahrgestellnummer-Endnummer 1767 ein Motorenwechsel auf den OM 352, BM 352.919. Der Chef der Unimog-Konstruktion, Heinrich Rößler, hatte jedoch dafür plädiert, dass der U 406 zu Produktionsbeginn im April 1963 bereits den Direkteinspritzer bekommen sollte. Dies war aber gegenüber den »Untertürkheimer Motoren-Managern von Mercedes-Benz nicht durchzusetzen. Der OM352/OM352A war eine Weiterentwicklung des OM 322 und hatte einen Hubraum von 5,7 Liter bei einer Leistung im Lkw von 132 PS. Beim U 406 (U 65) wurde der OM 352 anfangs mit gedrosselten 65 PS eingesetzt. Das Leistungsspektrum des U 406 wurde sukzessive den Anforderungen angepasst, das heißt in kurzen Zeitintervallen waren es 70, 80, 84, 100, 110 und 125 PS. Der OM 352 bewährte sich aber auch außerhalb von Mercedes-Benz im Schlepperbau bei der Schweizer Firma Bührer und bei Güldner in Aschaffenburg.

Der U 406 (Baujahr 1963) mit
OM 312 (65 PS)

Der U 406 (Baujahr 1970) mit
OM 352 (80 PS)

Die Unimog-Getriebe UG 2/27 für die Baureihe 406

Rechts

Unimog-Getriebe UG 2/27-6/14,53 GA (Hauptgetriebe), intern auch als »F-Getriebe« bezeichnet

Links

Unimog-Getriebe UG 2/27-6/14,53 GA mit VOG 2/27 (Hauptgetriebe mit Vorschaltgetriebe), intern als »F-Getriebe + VOG« bezeichnet

Die Entwicklungs- und Versuchsingenieure bei Mercedes-Benz in Gaggenau arbeiteten Ende der 1950er-Jahre an der Weiterentwicklung des 6-Gang-Getriebes UG 1/11. Im Lastenheft für das zukünftige, in allen Gängen synchronisierte »F-Getriebe« waren dafür hochlegierte Materialien, optimierter Kraftfluss, geräuschärmere Verzahnungen, höheres Eingangsdrehmoment vermerkt. Weiter wurde im Lastenheft festgehalten, dass das Grundgehäuse des UG 1/11 bis auf einige Wandungsverstärkungen und die Lagerpunkte im Wesentlichen beibehalten werden soll. In den Grundzügen sollte auch der Räderplan zum Basis-Getriebe erhalten bleiben. An- und Abtriebspunkte beziehungsweise die Lage der inneren Wellen blieben also identisch. Das mit der Hauptwelle fluchtende Abtriebsrad war dabei direkt mit dem Kreuzgelenk des Hinterachsantriebs verbunden. Aus Gründen der Geräuschentwicklung waren anfangs die Verzahnungen des hinteren Strangs von der Vorgelegewelle bis zum Antriebsrad der Vorderachse mit acht Grad Schrägungswinkel versehen. Später wurden auf allen Wellen die Zahnräder schräg verzahnt. Das MB-intern genannte »F-Getriebe« für den U 65 und den U 70 bekam die offizielle Bezeichnung UG 2/27, was so viel bedeutet wie: Unimog-Getriebe der Baureihe 2 mit einem maximalen Eingangsdrehmoment von 27 mkg (270 Nm). Das verstärkte, beziehungsweise neue Getriebe war nach dem Baukastensystem aufgebaut, das späteren Ausführungen, wie dem G-Getriebe (ab U 80 und U 84), bei über zehn Varianten ausreichend Spielraum bot.

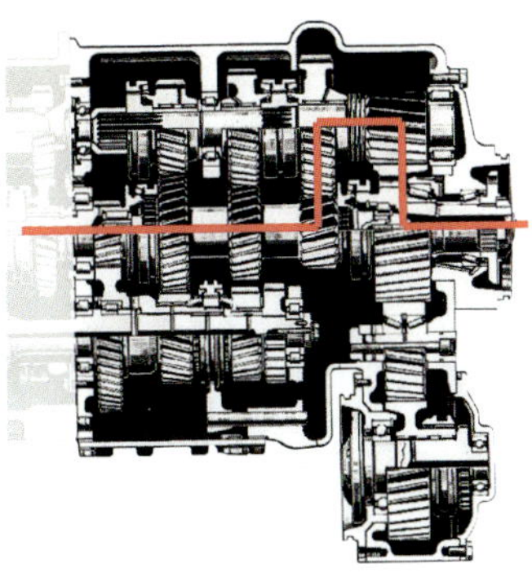

Links

UG 2/27; die rote Linie markiert den 1. Straßengang

Rechts

UG 2/27 (F-Getriebe) von 1965

Baumuster 406.120, Typ U 65, Baujahr 1963. In der Pritsche ein herausnehmbarer Einlegeboden als »Sichtkanal« auf den Anbaubeetpflug.

Die Produktion der Baureihe 406 (U 65) mit den Baumustern 406.120 und 121 begann im April 1963 im Bau 44 c. Die Fahrzeuge 1 bis 100 galten als Vorserienfahrzeuge. Im ersten Produktionsjahr wurden vom U 65 insgesamt 801 Fahrzeuge gebaut.

April 1963 Modellpflegemaßnahmen im ersten Produktionsjahr; Stückzahl: 801, pro Monat 100 Stück

Fahrgestell-Endnummer	Änderungen/Themen
000 001 bis 000 100	Vorserienfahrzeuge
	Einsatz des Unimog-Getriebes UG 2/27 (intern F-Getriebe)
	Neue Farbpalette: Lkw-Grün statt Unimog-Grün
000 353	AHK-Verstärkung geändert
000 528	Kombi-Instrumente geändert
000 562	FHS-Abdeckung, Fußboden geändert
ab Oktober	U 65-Triebköpfe BM 130; anfangs mit offenem FHS
000 801	Jahresende mit 801 Stück

1964 Motorumstellung vom OM 312.954 auf den OM 352.919; Stückzahl: 2044, pro Monat 170 Stück

Fahrgestell-Endnummer	Änderungen/Themen
000 802	Jahresbeginn 1964
001 265	Leitungsführung zu Differentialsperren geändert
001 667	Umstellung auf Rockinger-AHK
001 745	Lüftung Beifahrersitz entfällt
001 767	Motor neu: OM 352.919 (65 PS) für den OM 312.954 (65 PS)
001 767	SA: Hydraulikpumpe geändert; Zapfwellenausbuchtung an Stoßstange vorn geändert
001 799	Verstärkte Federn vorn und hinten in Serie
002 573	Druckbehälter von 20 auf 27 Liter angehoben
002 573	Batteriekasten geändert
002 721	SA: andere Kupplungsköpfe an Zweileiter-Anhängerbremse
002 845	Jahresende mit Endnummer 002 845

Seitliche Lüftungsgitter bis 1966

Pritschenüberstand zum Fahrerhaus; beim U 421 kein Überstand

Ansaugrohr beim U 406 links, beim U 421 rechts

Modellpflege als Teil des Qualitätsprogramms

Die Fahrgestell-Nummer 005735 markierte im Jahr 1966 das Ende des U 65 und den Übergang zum U 70.

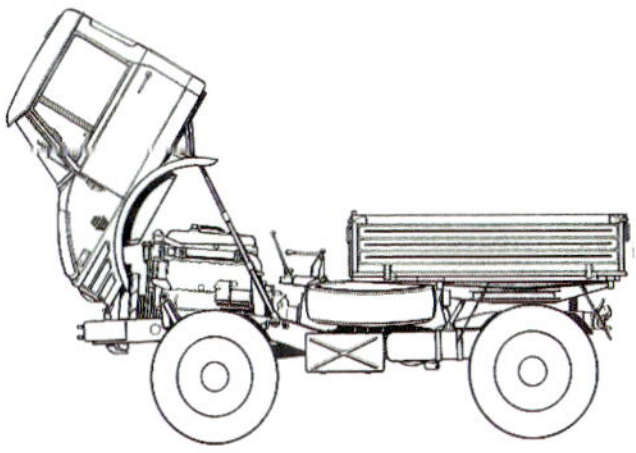

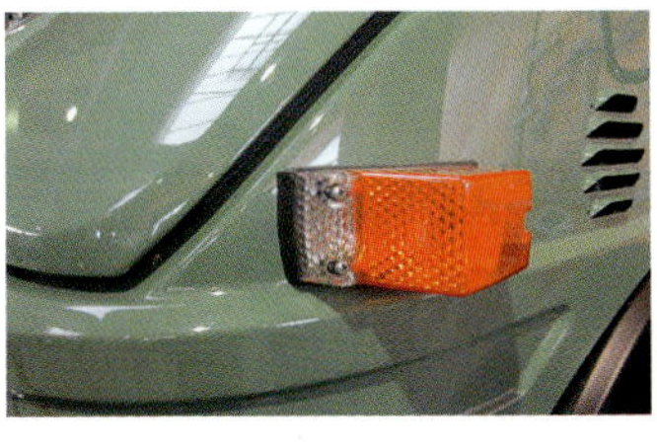

Von links oben

Hochstellbares Fahrerhaus ab Fg.-Nr. 005 736; 1966

G-Getriebe (verstärkt) UG2/27 ab U 80; 1968/69

Cabrio mit gerader Frontscheibe; 1969

Seitliche Heckfenster am geschlossenen Fahrerhaus; 1970

Eckige Blinkgehäuse; 1971

Im Jahr 1970 wurde der Überrollbügel für alle Neufahrzeuge in der Land- und Forstwirtschaft zur Pflicht.

Der Unimog U 84: das Topmodell der 406er-Reihe

U 84 mit Breitreifen und Forstausrüstung

U 84 mit Ganzstahlfahrerhaus, Baumuster 406.121, Baujahr 1976

Technische Daten (Standard)

Baureihe 406, Typ U 84/U 900; ab Fg.-Endnummer: 015 495 (1971)

Baumuster 120, 121, 142, 143, 145

Anzahl Baumuster 10

Motor OM 352, 84 PS bei 2550 U/min; Hubraum 5675 cm³

Kraftstoffeinspritzanlage Bosch

Kupplung Einscheiben-Trockenkupplung

G-Getriebe Mercedes-Benz UG2/27 als SA 2 x 4 Schaltplatte 8V/4R

Elektrik 12 V, Drehstrom-Lichtmaschine

Achsen Portalachsen, Allrad

Federung Schraubenfedern mit Zusatzfedern hinten

Lenkung Hydraulische Servolenkung

Reifen 12,5-20/10 bzw. 14,5-20/10

Rahmen Gekröpfter Leiterrahmen

Pritschenfläche 3,70 m²

Geschwindigkeit 80 km/h

Radstand 2380 mm

Tankinhalt 90 l

Leergewicht 3500 kg

Fahrerhaus Klappverdeck und Ganzstahl

Standardfarbe Lkw-Grün

Nachfolgemodell 1989 U 417

U 84 mit Klappverdeck, Baumuster 406.120, Baujahr 1974

Ein renommiertes Oldtimer-Magazin schrieb 2010 über den U 406: »Dass wir Typen wie die Baureihe 406 für besonders empfehlenswert halten, hat Gründe. Der Ur-Unimog ist lahm und so klein, dass normal gebaute Mitteleuropäer eigentlich nur mit offenem Verdeck fahren können. Die Mitte der Siebziger erschienenen, nüchtern-kantigen Mogs der Baureihe 425 wiederum für Hobby-Zwecke zu wuchtig. Der mit dem bulligen Sechszylinder ausgestattet 406er bietet klassische Optik, Platz bis 1,90 Meter Körpergröße und lässt sich, dank kräftigem Triebwerk, recht flott bewegen.» Natürlich sollte hier nicht unerwähnt bleiben, dass, bei gleichem Zustand, zwischen einem U 411 und einem U 406 ein Preisunterschied von bis zu 20 000 Euro liegen können.

Ehemaliger Bundeswehr-Zweiwege-Unimog U 406, umgebaut von der Firma Ries, Baujahr 1973

Beim Phoenix Fire Department in Arizona, USA, ist dieser 1973 gebaute Feuerwehr-U 84 im Einsatz.

Wegen des langen Kettenlaufwerks war der UT 90 sehr stabil für schwere Aufbauten.

Der Unitrac UT 90 mit 90 PS

Das Einsatzgebiet des Unitrac UT 90 beschränkte sich auf solche Gebiete, wo der Einsatz von Raupenfahrzeugen vorteilhaft war. Hersteller war die Firma Tractortechnic in Gevelsberg. Als Antrieb diente ein OM 352 mit 90 PS. Die Besonderheiten des Unitrac waren der tiefe Schwerpunkt und die stoßgedämpften Laufrollen. Als Getriebe wurde das G-Getriebe UG 2/27 eingesetzt. Das Leergewicht lag je nach Ausführung zwischen 6000 und 7000 kg.

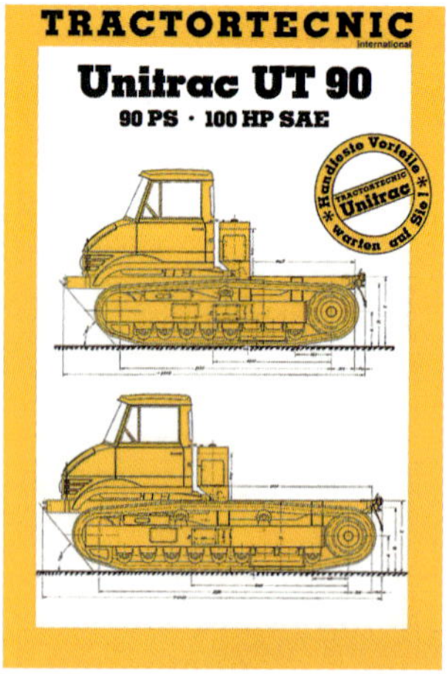

Die Firma Tractortechnic aus Gevelsberg entwickelte und baute den UT 90. Je nach Kundenwunsch gab es lange oder kurze Laufwerke.

Dieser UT 90 mit geschlossenem FHS-Aufsatz hatte ursprünglich ein offenes Fahrerhaus.

Baureihe 403

Der U 403 – ein Nischenprodukt

Sechs Wochen nach der Baureihe 421 folgte bei Mercedes-Benz in Gaggenau die Präsentation der Baureihe 403 (U 54). Die neue Baureihe war eine Weiterentwicklung der Baureihe 406, die damals schon drei Jahre produziert wurde. Als Antrieb diente der Vierzylinder-Diesel-Reihen-Viertaktmotor OM 314, B 314.916 mit 54 PS bei 3780 cm^3 Hubraum von Mercedes-Benz. Der Produktionsbeginn erfolgte im April 1966 mit dem Baumuster 403.120 (offenes Fahrerhaus). Ein geschlossenes Fahrerhaus vom U 406 folgte als Baumuster 403.121 noch im gleichen Monat. Das hochstellbare Fahrerhaus unterschied sich nicht von dem des U 406, selbst der Radstand von 2380 mm und die Portalachsen waren identisch. Als Standardfarben wurden Lkw-Grün DB 6277 und Lkw-Grau DB 5328 angeboten. Als Getriebe wählten man anfangs das vollsynchronisierte Wälzlagergetriebe UG 2/27 mit der internen Bezeichnung »F-Getriebe«. Der Grundpreis lag 1966 bei offenem Fahrerhaus und der Bereifung 12,5-20 bei etwa 24 000 DM. Im ersten Jahr 1966 verkaufte sich der U 403 mit 230 Stück nur schleppend. Produktionsende für den U 54 war im Jahr 1972, danach folgten bis 1988 die stärkeren U 66 und U 72 mit den Baumustern 403.122 und 403.123. Bis 1988 verkaufte sich das das leicht untermotorisierte Nischenprodukt dann 5063-mal.

Äußerlich waren beim U 403 kaum Unterschiede zum U 406 (oben) und zum 421 (unten) zu erkennen.

Als Bereifung standen die Größen 10,5-20, 12,5-20 oder die Größe 14,5-20 zur Verfügung; Scheibenbremsen wurden 1972 eingeführt.

Oben

Zuckerrübenernte mit einem U 66 als Zugmaschine und zwei Anhängern (unten)

Unten

U 66 (Baureihe 403) beim Pflügen mit einem Vierscharpflug in Gaggenau im Jahr 1972; an dieser Stelle befindet sich heute das Unimog-Museum.

Das Unimog-Programm von 1972*

In einer Unimog-Werbebroschüre von 1972 war zu lesen: »Der Unimog war schon immer büffelstark. Jetzt bekommen Sie ihn noch stärker. Sie können unter fünf verschiedenen Ausführungen wählen: U 84 mit 84 PS, U 66 mit 66 PS, U 54 mit 54 PS, U 52 mit 52 PS und den U 34 mit 34 PS. Der Unimog ist ein Ackerschlepper, mit dem sie heute und in der Zukunft alle in der Landwirtschaft vorkommenden Arbeiten bewältigen können.«

* ohne die Baureihen 404.1 und 404.0

Diesel OM 314

Daten und Fakten zur Baureihe 403

U 54 (54 PS)

Bauzeit 08/1966 bis 04/1972

Baumuster 403.120 offen und 403.121 geschlossen

Verkaufsbezeichnung U 54, U 54 A, U 54 F, U 54 L

Motor OM 314.966 mit 54 PS

Getriebe F-Getriebe UG 2/27 ab 1966

Stückzahlen 1210 + 1832 = 3042

U 66 (66 PS)

Bauzeit 03/1969 bis 04/1988

Baumuster 403.122 offen und 403.123 geschlossen

Verkaufsbezeichnung U 66, U 66 A, U 66 F, U 66 L

Motor OM 314.917 mit 66 PS

Getriebe G-Getriebe UG 2/27 ab 1976

Stückzahlen 535

U 72* (72 PS)

Bauzeit 03/1969 bis 04/1988

Baumuster 403.122 offen und 403.123 geschlossen

Verkaufsbezeichnung U 72, U 72 A, U 72 F, U 72 L

Motor OM 314.917 mit 72 PS

Getriebe G-Getriebe UG 2/27 ab 1976

Stückzahlen 1486

* U 800

Gesamtstückzahl 5063

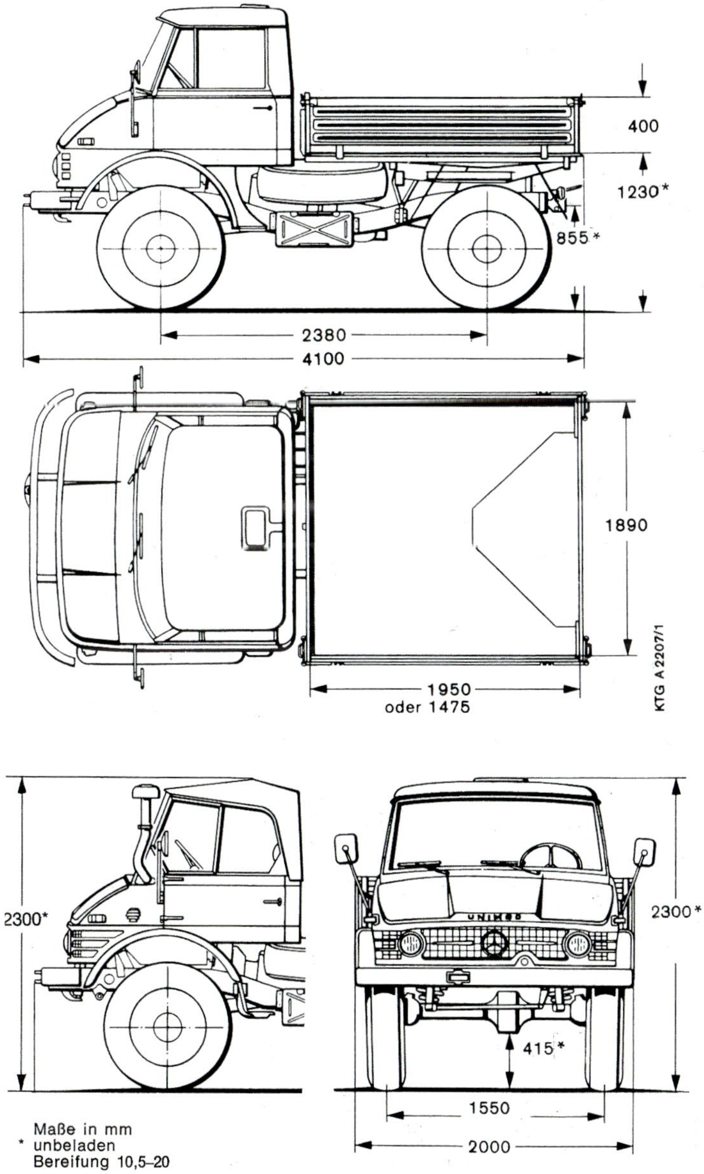

Schmidt-Prospekt zum Erdbohrer mit der Baureihe 403

Mercedes-Benz-Prospekt zur Baureihe 403/U 66

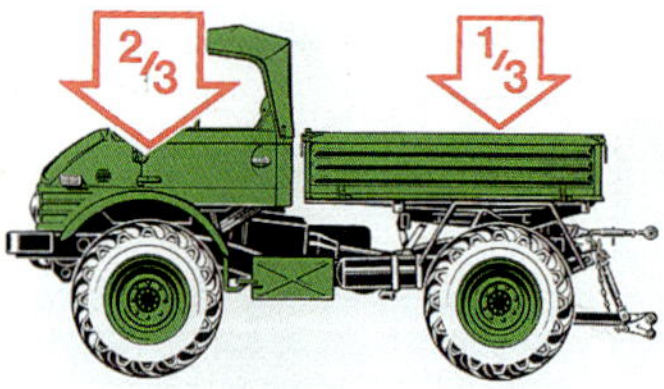

Der U 403 als Ackerschlepper

Selten war beim Unimog die Zielgruppe so klar definiert, wie im Fall der Baureihe 403. Davon zeugen noch heute viele MB-Prospekte, die für die landwirtschaftlichen Betriebe erstellt wurden. Hier einige Argumente aus diesen Prospekten:

- Der Landwirt ist an naturnahe Termine gebunden, daher braucht er Schlepper, Maschinen und Geräte, die ihn nicht im Stich lassen.
- Schlepper mit Allradantrieb haben mehr Zugkraft und können daher schwere Geräte mit großer Breite ziehen.
- Beim Unimog wirkt das gesamte Gewicht auf die vier angetriebenen Räder.
- Am stärksten ist der Vorteil, wenn die vier Räder gleich groß sind. Dazu gehört die dafür nötige richtige Gewichtsverteilung mit 2/3 auf der Vorderachse und 1/3 auf der Hinterachse
- Beim Ziehen eines Geräts wird die Vorderachse entlastet und die Hinterachse belastet. Es entsteht der Effekt 1/2 zu 1/2.
- Mit der hinteren Zapfwelle können an- und aufgebaute Geräte effektiv angetrieben werden.
- Der Unimog spart teure Arbeitskräfte, denn nur eine Person kann alle Geräte bedienen.

U 403 mit Claas-Anhängemähdrescher

Baumuster 421.122 (U 40) für die Landwirtschaft mit OM 621/40 PS und Radstand von 2250 mm

Baureihe 421

Nicht nur ein Nischenprodukt

Im März 1966 war in Gaggenau der Produktionsstart der Baureihe 421 (U40). Die Baureihe 406 (U 65) befand sich damals bereits drei Jahre auf der Erfolgsspur, und dies nicht zuletzt wegen der verbesserten Motorisierung gegenüber der kleinen Baureihe 411. Von der Baureihe 406 waren die Kunden vor allem wegen seiner gesteigerten Universalität in Hinblick auf die zahlreichen An- und Aufbaugeräte für alle nur denkbaren Branchen von der Land- bis zur Bauwirtschaft überzeugt. Was dem Unimog-Kunden jedoch fehlte, war eine Alternative zur Baureihe 411 mit mehr Leistung und geringeren Abmessungen als beim U 406. Dazu ein Auszug aus einer Unimog-Information von 1966 zum neuen U 421: »Damit ist eine vom Verkauf seit langer Zeit gewünschte Erweiterung des Unimog-Typenprogramms zum U 411/34 PS, U 406/65 PS erfüllt.«

Die Erwartungen an den neuen U 421 mit 40 PS waren groß. Vor allen Dingen brauchte man in Gaggenau höhere Stückzahlen zur Auslastung der Produktion. Das Design des U 421-Fahrerhauses war fast identisch mit dem des U 406 und mit den gelungenen Rundungen am Fahrerhaus gegenüber dem U 411 ein echter Fortschritt. Es konnte so mit der zeitlosen Formgebung aus der Pkw-Welt von Mercedes-Benz ein wenig Schritt halten. An Details wie diesem bemerkte man die Designerhandschrift der »Sindelfinger« besonders deutlich, auch wenn deren Gestaltungsfreiheit an die Gaggenauer Werkzeug- und Fertigungskosten gebunden war.

Bei Vorführungen auf dem Versuchsgelände »Sauberg« konnte der Unimog U 40 immer wieder potenzielle Kunden gewinnen.

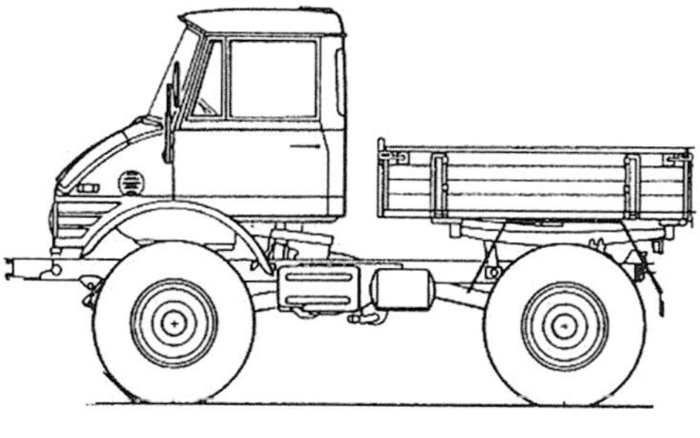

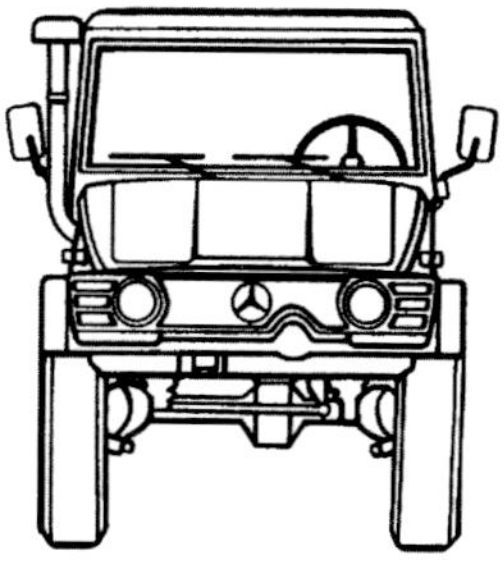

Links ein U 421 und rechts ein U 406: Nur der Experte sieht die Unterschiede, etwa an der unterschiedlichen Lage der Ansaugluftstutzen; beim U 421 befinden sie sich in Fahrtrichtung rechts. Der U 421 hat zudem, anders als der U 406, keinen Pritschenüberstand zum Fahrerhaus.

Fast wie Zwillinge – der U 421 und der U 406

Für Kenner ist die Ähnlichkeit zum U 406 (rechts auf dem Foto oben) keine Überraschung, denn das Ganzstahlfahrerhaus des U 421 war, bis auf die Bodengruppe, identisch mit dem des U 406. Nur das offene Fahrerhaus hatte geringere Außenmaße und war im Design leicht verändert worden. Dennoch erwies sich das offene Fahrerhaus mit seinen zusätzlichen 13 Zentimetern in der Länge und den sieben zusätzlichen Zentimetern in der Höhe im Vergleich zum kleineren U 411 als deutlich komfortabler. Ein Aspekt, den besonders solche Nutzer zu schätzen wussten, die fast den ganzen Tag hinter dem Steuer saßen oder eine Körpergröße jenseits der 180 Zentimeter hatten. Die U 421-Prototypen hatten 1964/65 teilweise noch den Dieselmotor OM 636 vom U 411c als Antriebsquelle eingebaut. Viele Komponenten des U 421 (U 40) wie Achsen, Pritsche, Hydraulikteile, Tank, Stoßstange und diverse Kleinteile waren anfangs mit dem U 411 baugleich. Das Getriebe UG 2/27 (F-Getriebe) stammte vom U 406/U 65. Der Motor OM 621 kam vom legendären Pkw Mercedes-Benz 200 D/8. Dieser Motor mit seinen 40 PS stand jedoch wegen seiner zu geringen Leistung von Beginn an in der Kritik. Nach nur zweijähriger Bauzeit ersetzten die Unimog-Konstrukteure im Februar 1968 den 200 D-Motor durch den OM 615 mit 2197 cm^3 Hubraum und 45 PS vom Mercedes-Pkw 220 D. Es war ein Motor aus der laufenden Pkw-Palette mit mehr Leistung und mehr Drehmoment. Damit war der U 421 (U 45) geboren, der sich als Erfogsmodell erweisen sollte.

Der U 421 (U 45), Baumuster 421.122, Motor OM 615, mit offenem Fahrerhaus

Der U 421 mit hochstellbarem Fahrerhaus

U 40 (40 PS)

Bauzeit 03/1966 bis 02/1968

Baumuster 421.120, 421.122, 421.123, 421.130, 421.133

Motor OM 621

Stückzahlen 3275*

Anm. Das Bm 120 war die Vorserie aus der Bemusterungswerkstatt

U 45 (45 PS)

Bauzeit 02/1968 bis 03/1971

Baumuster 421.122, 421.123, 421.130, 421.131

Motor OM 615

Stückzahlen 2803*

U 52 (52 PS)

Bauzeit 02/1971 bis 04/1989

Baumuster 421.124, 421.125, 421.130, 421.131, 421.140, 421.141

Verkaufsbezeichnung U 600

Motor OM 616

Stückzahlen 8313*

U 60 (60 PS)

Bauzeit 11/1971 bis 12/1988

Baumuster 421.126, 421.127, 421.128, 421.129, 421.132, 421.133, 421.162, 421.163, 421.310**

Verkaufsbezeichnung U 600L, U 600T

Motor OM 616

Stückzahlen 4257*

Triebkopf, Doka, Uniknick

Triebkopf U 40T, U 45T, U 55T, U 60T

Bauzeit Doka ab 1971, Uniknick ab 1970, Triebkopf ab 1971

Doppelkabine U 600

Uniknick Uk 52 Fa. Werner

Motoren OM 621, OM 615, OM 616

* Triebköpfe, Doka einbezogen, ** als CKD-Lizenzbau 304 Stück

51,5% aller Fahrzeuge der Baureihe 421 hatten ein offens Fahrerhaus

Die Baureihe 421 – Typen- und Herstellersystematik

U 40, Bm 421.120

U 40, Bm 421.123

U 45, Bm 421.122

U 45, Bm 421.123

U 52, Bm 421.124

Uniknick-Werner/Uk 52

Unitrac/U 52

U 52/Doka, Bm 421.141

U 52, Bm 421.125

Der Primus der Baureihe 421 war der U 52 mit 8313 Stück. Vom Uniknick der Firma Werner gab es zur Baureihe 421 den UK 52 und zur Baureihe 406 den UK 60. Vom UK 52, Baumuster 421.164, wurden 52 Stück gebaut. Während der Standardradstand des U 421 bei 2250 mm lag, wurde der U 60/U 600L mit einem Radstand von 2605 mm ausgeliefert.

U 60/U 600L, Radstand 2605 mm

Triebkopf U 55T, Bm 421.131

Die 27 Baumuster des U 421

Der beliebteste Typ innerhalb der Baureihe 421 ist der U 52. Hier abgebildet zwei U 52, Baumuster 421.124 mit 52 PS.

Während der gesamten Bauzeit von 23 Jahren brachte es der U 421 auf 18 995 Fahrzeuge bei 27 verschiedenen Baumustern einschließlich der Bausätze, jedoch ohne die CKD-Varianten. Es gab allerdings beim U 421 in Bezug auf die Baumuster Doppelbelegungen. So zum Beispiel bei den Baumustern 421.130 und 421.131. Im April 1989 wurden in Gaggenau die letzten U 421 ausgeliefert. Nach erfolgter Modellpflege mit komfortablerem Fahrerhaus wurden als Nachfolger – oder besser Übergangsmodell – bis 1992 der Unimog U 407 angeboten. Der U 421 mit 52 PS (U 52) ist gegenwärtig in der Unimog-Szene der beliebteste Typ innerhalb der Baureihe 421. Und dann gab es noch den CKD-U 421 mit einem Radstand von 2250 mm für Argentinien. Gemeint ist das Baumuster 421.310, das in dem südamerikanischen Land in Lizenz gefertigt wurde, während ein großer Teil der Baugruppen im CKD-Verfahren per Schiff eintraf. In der Summe waren es 304 Fahrzeuge.

Baumuster und Bauzeiten zum U 421

Baumuster BM	Verkaufsbezeichnung	Bauzeit
421.122/120 *)	U 40, U 40 A	03/66 bis 02/68
421.122 *)	U 45, U 45 A	02/68 bis 04/71
421.123 *)	U 40, A, L, F	03/66 bis 02/68
421.123 *)	U 45, A, L, F	02/68 bis 04/71
421.124	U 52	02/71 bis 81
421.125	U 52	02/71 bis 12/88
421.128/126	U 60 (U 600 L)	11/71 bis 12/88
421.129	U 60 (U 600 L)	01/72 bis 12/88
421.130	U 40 T	07/66 bis 02/68
421.131	U 40 T	07/66 bis 02/68
421.130 *)	U 45 T	02/68 bis 10/69
421.131 *)	U 45 T	02/68 bis 71
421.130	U 55 T	02/68 bis 71
421.131	U 55 T	02/68 bis 71
421.132	U 60 T (U 600 T)	07/71 bis 81
421.133	U 60 T (U 600 T)	03/71 bis 12/88
421.140	U 52 (U 600)	09/73 bis 04/89
421.141 [2)]	U 52 (U 600)	08/73 bis 12/88
421.160	Fa. Hoes	04/69 bis 71
421.162	Feuerwehr-U 60	09/71 bis 05/74
421.163	Feuerwehr-U 60	02/71 bis 07/74
421.164	Uniknick / Werner	12/70 bis 88
421.128	Doka-U 600	ab 71
421.129	Doka-U 600	ab 71
421.170	Unitrac	ab 71
421.172	Tremo / Trenk.	12/70
421.310	Argentinien	08/71 bis 12/74
421.210 [1)]	U 431 421.210	11/69 bis 73
421.211 [1)]	U 431 421.211	11/69 bis 73

Der U 421 muss heute niemandem mehr seine Geländegängigkeit beweisen. Auch seine Kletter- und Tauchfähigkeit steht außer Frage, denn die Väter des Universal-Motor-Geräts hatten von Anfang an auch das Gelände im Fokus: Allrad, Differential, Getriebe, vier gleich große Räder auf speziellen Profilen, Federungs-und Dämpfungssysteme, eine optimale Gewichtsverteilung und einen ausgereiften Motor machen eben den Unterschied!

Die technischen Daten des U 421/U 52, Baumuster 421.141

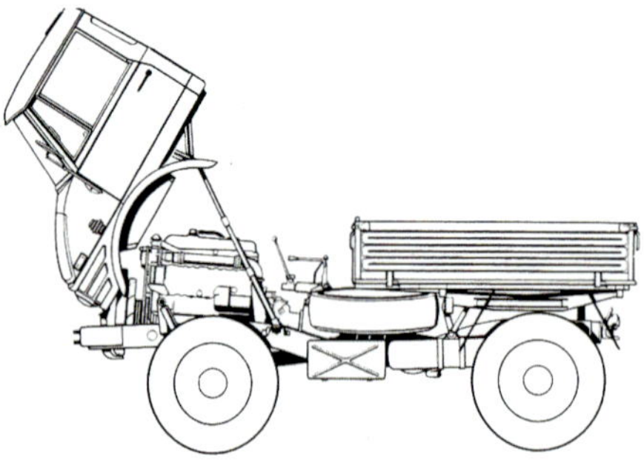

Wartung: Absolute Zugängigkeit zu allen Aggregaten.

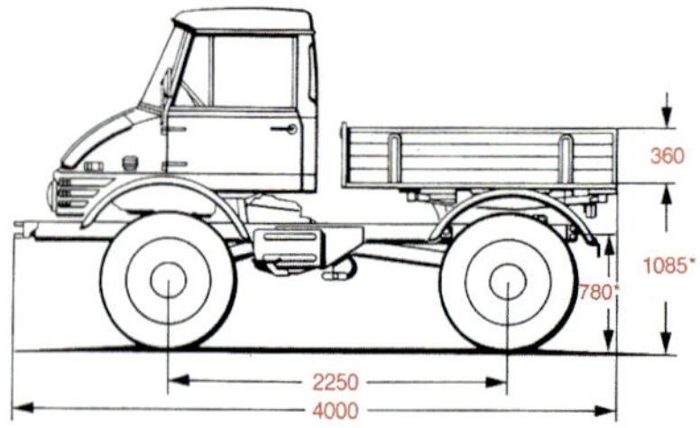

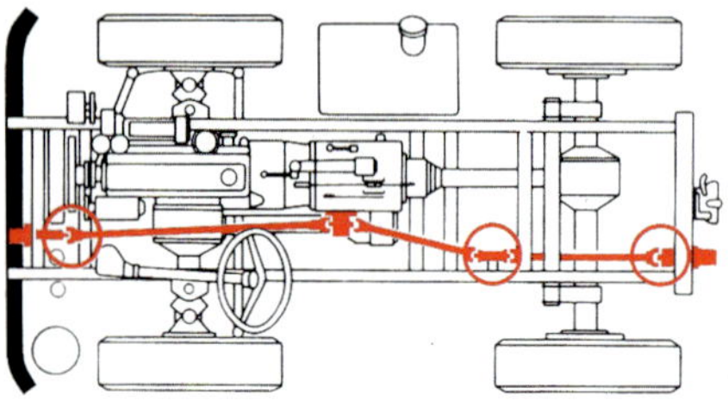

Zapfwelle vorn und hinten; hintere Zapfwelle mit Zwischenabtrieb für Aufbaugeräte.

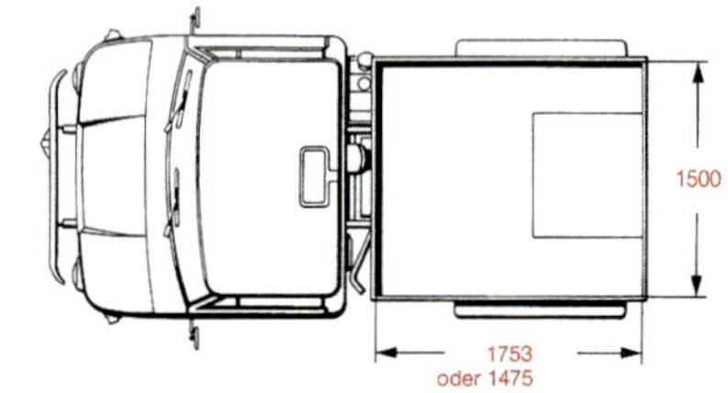

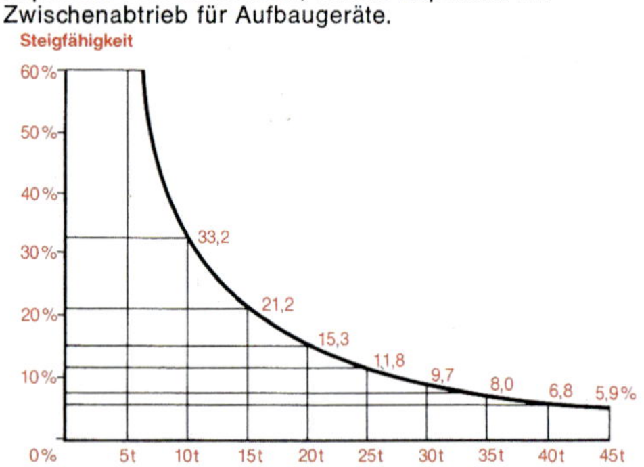

Mögliche Steigleistung im 1. Gang bei maximal zulässigem Gesamtgewicht, bei ausreichender Adhäsion der Räder.

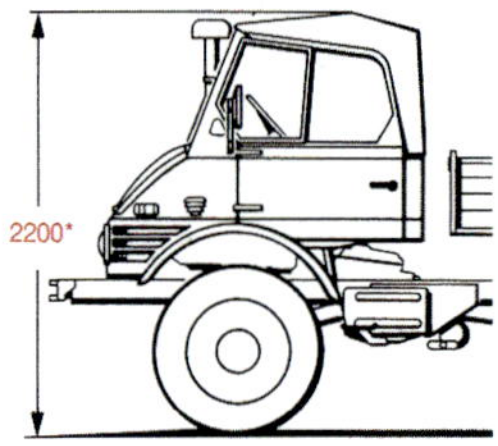

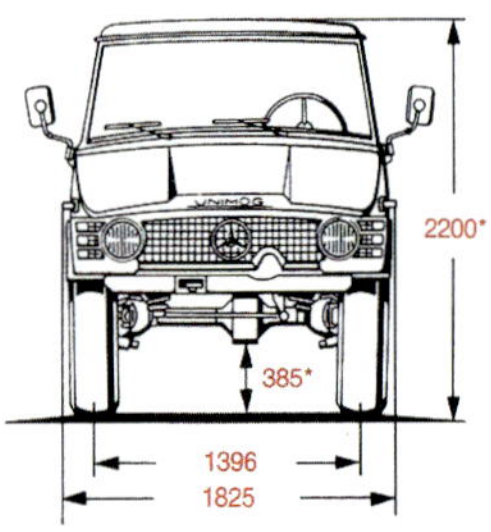

Maße in mm
* unbeladen
Bereifung 10,5-18/6 PR

Fahrgeschwindigkeiten bei Motornenndrehzahl 3000/min und Bereifung 10,5-18/6 PR, Übersetzung 9 : 35.

	7,5-18/6 PR	10,5-18/6 PR	10,5-20/8 PR [1] 12,5-18/8 PR [2]
Spurweite vorn und hinten	1376 mm	1396 mm	[1] 1480 mm [2] 1436 mm
mit Felge schmal			[1] 1382 mm
mit Felge schmal und Zwischenflansch			[1] 1522 mm
Wendekreis ca.			10,3 m

Gewichte

Leergewicht	2.850 kg
Nutzlast	1.350 kg
zul. Gesamtgewicht	4.200 kg
zul. Achslast vorn und hinten	2.600 kg
bei Bereifung 7,5-18/6 PR	2.100 kg

Während der Ausstellung »Der Unimog in Berlin« im Unimog-Museum wurde dieser U 52 mit einem Rotationskehrbesen gezeigt. Das Fahrzeug war ursprünglich bei der Berliner Feuerwehr im Einsatz. Heute gehört er dem Unimog-Museum in Gaggenau.

Diesel-Motor OM 616 im U 421

Drei Motorentypen und 13 Motorenbaumuster

Zählt man den OM 636 hinzu, der ab 1964/1965 anfangs mit 34/40 PS in den Prototyp eingebaut wurde, dann sind es vier Motorentypen, die in der Baureihe 421 verbaut wurden. Wie bei einigen anderen Baureihen, hatte man auch hier bei der Motorenauswahl zunächst keine glückliche Hand und häufig ging man bereits zum Produktionsbeginn untermotorisiert an den Start. So auch 1966 beim U 421 (U 40) mit dem OM 621 mit 1988 cm³ Hubraum und 40 PS. Der 1958 von Mercedes-Benz entwickelte OM 621 ist ein Dieselmotor mit Vorkammereinspritzung und vier Zylindern in Reihe. Außer im Unimog wurde er auch in Pkws und Transportern eingesetzt. Bereits 1968 wechselten die Konstrukteure mit dem U 45 auf den OM 615 mit 2197 cm³ Hubraum und 45 PS. Ab Ende 1970 folgte der OM 616 mit 2456 cm³ und 60 PS, dem Primus unter den U 421-Motoren.

Die Motoren hatten folgende Baumuster: **U 40** Baumuster 621.931, OM 621; **U 45** Baumuster 615.911, OM 615; **U 52** Baumuster 616.911, OM 616 und **U 60** Baumuster 616.930, OM 616.

Schnittmodell des OM 616

Übersicht der Motoren ab 1951	Einsatzjahr	Zylinderzahl	→ PS (0 – 25 – 50 – 75 – 100 – 125)	**Beispiel für Fahrzeug-Baumuster / PS**
OM 636	51	4	2010 U 401/402: 25 PS U 411: 30, 32, 34, 36 PS	2010 1 bis 8 (25 PS) 401.101 bis 106 (25 PS) 402.101 bis 105 (25 PS) 411.110 bis 113 (30 PS) 411.110 bis 120 (32 PS) 411.118 bis 120 (34 PS)
OM 621	66	4	U 421/421 T: 40 PS	421.122, 123 (40 PS) 421.130, 131 (40 PS)
OM 615	68	4	U 421/421 T: 45, 55 PS	**421.122, 123 (45 PS)** **421.130, 131 (55 PS)** **421.310 (60 PS)**
OM 616	70/71	4	U 421/421 T: 52, 60 PS	421.124, 125 (52 PS) 421.140, 141 (52 PS) 421.126 bis 129 (60 PS) 421.132, 133 (60 PS)

Unimog 421 mit Anhänger

Eine Zukunftsstudie zum U 421

Die links abgebildete Studie stammte aus der Feder Sindelfinger Karosseriedesigner. Es ist zwar unverkennbar ein Unimog mit einem markanten Sichtkanal und großer Frontscheibe, aber die Designer hatten hierbei die Wünsche der Unimog-Kunden weitgehend unberücksichtigt gelassen. Später gab es dann Typen, die ähnliche Konturen hatten, wie etwa die Baureihen 408/418 oder 405 mit dem U 400 und U 500.

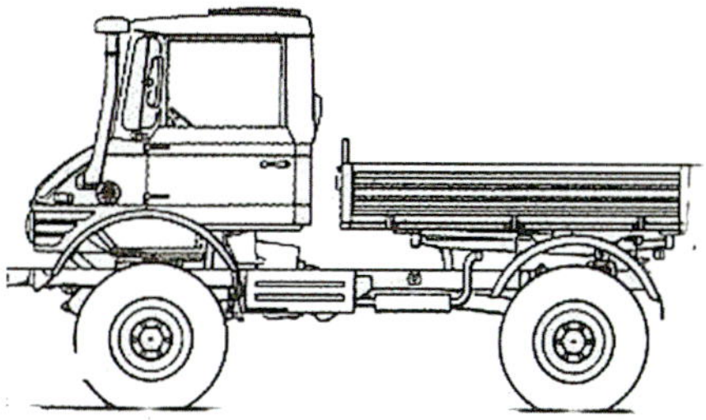

Die äußeren Konturen des U 407 ähnelten stark denen des U 421.

Nach dem U 421 kam der U 407

Der U 407/U 600 war ab 1988 das Nachfolgemodell des U 421 mit dem Motor OM 616 von 52 oder 60 PS.

Militär-Pritschenfahrzeug für größere Mannschaften aus der Fabrikation der Firma Werner (Seilwinden-Werner)

Prototyp der Baureihe 431 aus dem Jahr 1968 mit der Fahrgestell-Nummer 431.210-10-000297 und einer Werner-Seilwinde

Baureihe 431

Die argentinische Version

Die Baureihe 431 war ein in Argentinien produzierter »Lizenzumbau« der deutschen Baureihe 421. Hauptabnehmer war das Militär in verschiedenen südamerikanischen Staaten. Zur Motorisierung wurde der OM 615 mit leistungsgesteigerten ca. 65 PS gewählt. Viele der Fahrzeuge verfügten über eine Werner-Seilwinde, die dort ebenfalls in Lizenz hergestellt wurde.

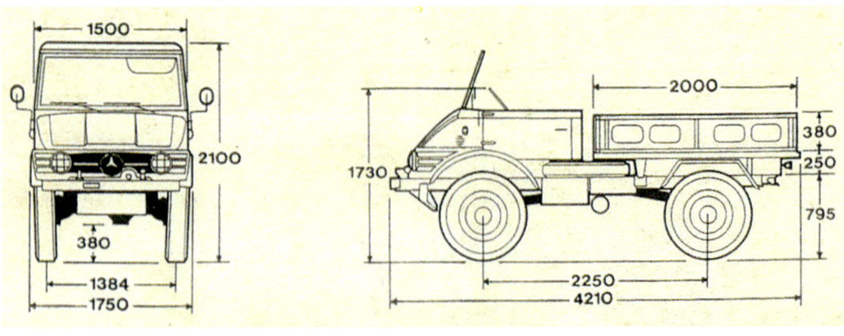

Die Baureihe 431 aus dem Produktionsjahr 1969 mit einem Radstand von 2250 mm

Baumuster	Bauzeit	Motor	Cabrio	Radstand
431.210	1969 bis 1971	OM 615	ja	2250 mm
431.211	1969 bis 1971	OM 615	ja	2250 mm

Stückzahlen der Baumuster 431.210 und 431.211 = 753

Vorführen und testen

Testfahrt des U 431 auf dem »Sauberg« in Gaggenau. Bemerkenswert hierbei die Verwindungsfähigkeit des Fahrzeugs.

Wie viele andere Baureihen auch, wurde die 431er an das Militär verschiedener Staaten verkauft. Allerdings erreichte sie nie die Stückzahlen wie die Baureihen 404, 416 oder 435. Gefragt waren die Fahrzeuge dieser Baureihe wegen der kleinen Abmessungen unter anderem auch in Südamerika. Es war im Prinzip eine ganz einfache Strategie, mit der man den Südamerikanern den Unimog verkaufte. Die Militärangehörigen verlangten umfangreiche Vorführungen und Testfahrten von kompetenten Mitarbeitern, wie durch die Unimog-Legende und Südamerika-Experte Roland Feix aus Gaggenau, und sie bevorzugten ein vertrauliches und offenes Umfeld. Der Unimog sollte mit vielen deutschen Komponenten im Lizenzbau hergestellt werden. Am Ende war es bis auf die Pritsche, die 24 Volt-Anlage und kleinere Details fast eine 1:1 Kopie des U 421.

Links

Bei der Präsentation der Lizenz-Werner-Seilwinde vor argentinischen Offizieren

Rechts

Eine Vorführung von diversen Frontanbaugeräten des U 431 vor Militärangehörigen

Als UNIMOG-PROTOTIPO bezeichnete man in Argentinien die ersten U 431. Die Lizenz-Pritsche war aber nicht nur für den Mannschaftstransport, sondern auch für Schnellfeuerwaffen vorgesehen.

Der U 431 im Feldversuch

Noch heute sind viele U 431 bei Unimog-Freunden in Südamerika im Einsatz.

Unimog

Leichter geländegängiger Lkw 1,25 t
(NATO-Klasse 0,75 t)

Mercedes-Benz

Verwendung:

1. Führungsfahrzeug — 4 bis 8 Mann — für Stäbe, Kompanie-, Zug- oder Nachrichtentrupps mit Gerät und Ausrüstung.
2. Mannschaftsfahrzeug — 8 Mann — mit Ausrüstung. Besonders geeignet für Gebirgstruppe, Jäger- und Luftlandeeinheiten.
3. Materialtransport bis 1,25 t auf Straßen und im Gelände.
4. Zugfahrzeug, Anhängelast 2 t im Gelände.
5. Betrieb von technischem Zusatzgerät (z. B. Kompressor, Strom- und Schweißaggregat, Pumpen, Schneeräumgerät usw.).
6. Pionierfahrzeug für Straßenbau und Unterhaltung.

Fahrerhaus:

2 Sitze, verstellbar;
2 Rückspiegel (links und rechts);
Heizungs- und Belüftungsanlage;
Scheibenentfroster.
Offenes Fahrerhaus mit Klappverdeck, herausnehmbaren Seitenscheiben, umklappbarer Frontscheibe.
Hochstellbares Fahrerhaus mit gutem Zugang zum Triebwerk.

Pritsche:

Stahlausführung mit Holzboden, 2000 x 1500 mm;
zwei Längsbänke für je 3 Mann;
Fußwanne aus Riffelblech, abdeckbar mit den Bänken, wenn eine ebene Ladefläche benötigt wird.

Besondere Merkmale:

Kleines und wendiges Geländefahrzeug.
Hohe Geländegängigkeit durch:
- Allradantrieb (4 x 4)
- Differentialsperre in Vorder- und Hinterachse
- große Bodenfreiheit, 380 mm
- Portalachsen
- große Böschungswinkel vorn und hinten
- große Federwege
- große Achsverschränkung, dadurch ständige gute Bodenhaftung aller 4 Räder
- kleiner Wendekreis
- Niederdruckreifen
- günstige Gewichtsverteilung auf Vorder- und Hinterachse
- gute Sichtverhältnisse

Dieselmotor 55 PS/DIN (60 HP/SAE),
Radstand 2250 mm,
Geschwindigkeitsbereich ca. 3,5 bis 80 km/h
Fahrbereich bis ca. 500 km.

Besonders geeignet für Einsatz im Gebirge, in Wald- und Dschungelgebieten sowie zum Lufttransport.

Empfohlene Sonderausrüstung:

- Seilwinde
- Geländeketten

Baureihe 416

Eine echte Rarität der Baureihe 416: die Doppelkabine mit Cabrio

Motorleistungen von 80 bis 125 PS

Der 416er war die konsequente Weiterentwicklung der Baureihe 406, und ohne die geniale Baureihe 406 hätte es die Baureihe 416 nicht gegeben. Der Unimog-S fand als hochmobiles, taktisches Fahrzeug seinen Weg zu Kunden in aller Welt. Es lag daher nahe, die hochgeländegängige Diesel-Baureihe 416 mit hoher Motorleistung als Nachfolgemodell in den gleichen Marktsegmenten anzubieten.

Der U 416 unterwegs auf dem »Sauberg«

Der U 416 hat den Lkw bereits im Blut

Baumuster	Verkaufsbezeichnung	Leistung PS	Fahrerhaus	Rahmenlänge in mm	Bauzeit	Stück
416.114	U 100, U 1100L	100	o	4687	69–88	19168
416.115	U 100, U 1100L	100	g	4687	70–89	5429
416.116	U 100, U 1100L/34	100	o	5287	74–88	1618
416.117	U 100, U 1100L/34	100	g	5287	74–94	1483
416.122	U 80, U 90, U 110	80, 90, 110	o	4207	66–76	137
416.123	U 80, U 90, U 110	80, 90, 110	g	4207	65–76	1018
416.124	U 80, U 90, U 110	80, 90, 110	o	4687	65–75	562
416.125	U 80, U 90, U 110	80, 90, 110	g	4687	65–76	1564
416.126	U 80, U 90, U 100 ,U 110	80, 90, 100, 110	o	4207	66–70	9
416.127	U 80, U 90, U 100, U 110	80, 90, 100, 110	g	4207	65–70	37
416.130	U 80T, U 90T, U 110T	80, 90, 110	o	Triebkopf	68–75	49
416.133	U 80T, U 90T, U 110T,	80, 90, 110	g	Triebkopf	68–69	921
416.134	U 100T, U 100T, U 1100T	100, 110	o	Triebkopf	72–88	175
416.135	U 100T, U 110T, U 1100T	100, 110	g	Triebkopf	68–88	1082
416.140 *	U 100, U 110, U 1100	100, 110	o	4207	69–94	187
416.141 *	U 100, U 110, U 1100	100, 110	g	4207	69–88	3496
416.160	Rheinmetall UR 416	110	Torso	4207	69–94	816
416.162	U 125, U 1100L	125, 110	o	4687	73–88	4941
416.163	U 125, U 1100L	125, 110	g	4687	70–94	1189
416.170	Tractortechnic UT 90	90	Teile			31
416.310 **	U 90/U 416/CKD	90	O-CKD	4687	75–82	1632

o = offen; g = geschlossen; * Straßenzugmaschine BM 406.200A; ** CKD-Argentinien, 34: Radstand 3400 mm **Gesamt: 45544**

Quelle Baumustertabelle Daimler AG

Die Baureihe 416 mit 21 Baumustern in 34 Ausführungsvarianten

Im Jahr 1965 lief der Unimog 416 (U 80) erstmals vom Band. Der geistige Vater dieses Erfolgsmodells war 1964 in der Unimog-Konstruktion der inzwischen verstorbene Martin Tegtmeier. »Damit konnten wir komplett neue Märkte in nie dagewesener Größenordnung erschließen«, so Tegtmeier in einem Gespräch. Gegenüber der Baureihe 406 waren die Motorleistungen, Rahmenlängen und Radstände verändert worden. Die Radstände veränderten sich um 520 mm auf den Standard von 2900 mm (analog dem Unimog-S) oder auf 3400 mm. Die Baureihe wurde mit einem kürzeren Rahmen von 4207 mm und einem längeren Rahmen von 4687 mm angeboten. Der lange Rahmen war für Spezialeinsatzgebiete, wie große Aufbaugeräte, oder für den Einsatz als Gelände-Lkw vorgesehen.

Die ersten U 416 gingen 1965/1966 mit den Baumustern 416.122/.123/.124/.125/.126/.127 an den Start. Als Motor kam anfangs der Direkteinspritzer OM 352.984 mit 80 PS zum Einsatz. In einfachster Cabrio-Ausführung kostete ein U 416 zum Produktionsstart etwa 24000 DM. Die Standardfarben waren Lkw-Grün (DB 6277), Lkw-Grau (DB 7187) oder Lkw-Blau (DB 5328). Bis zum Produktionsende 1994 gab es 21 Baumuster mit einem Leistungsspektrum von 80 bis 125 PS. Mit einer Stückzahl von 45544 ließ der U 416, mit Ausnahme des Unimog-S (64242 Stück), alle anderen Unimog hinter sich und bleibt bis heute einer der Spitzenreiter bei den produzierten Stückzahlen.

Der U 100 der Baureihe 416 war als Geräteträger ein leistungsstarker »Arbeiter«.

Präsentation des U 100 auf der DLG in Frankfurt

Die Daimler-Benz AG präsentierte 1969 auf der DLG in Frankfurt den U 100 aus der Baureihe 416 als Baumuster 416.114 und 416.127. Damit wurde das Unimog-Programm mit dem bis dahin stärksten je gebauten Unimog nach oben erweitert. Die Zielgruppe war der industrielle Güterverkehr für schwere Lasten. Die Leistung von 100 PS war insbesondere für schwere Arbeitsmaschinen, Krane und für den Einsatz als Geräteträger vorgesehen. In Gaggenau hatte man aber auch den internationalen Militäreinsatz im Fokus, denn die Verwendung als geländegängiger Lkw der NATO-Klasse 2 Tonnen bot sich regelrecht an. Viele internationale Streitkräfte zogen allerdings den drehmomentstarken Dieselmotor OM 352 dem Benziner M 180 vom Unimog-S deutlich vor. Auch viele Armeen im Fernen und Mittleren Osten stiegen im großen Stil auf den U 416 um. Im zivilen Bereich machte sich der U 100 als mittleres Transportfahrzeug in den Fuhrparks einen guten Namen. Bis zum Produktionsende wurden vom Baumuster 416.114 insgesamt 19 168 Einheiten gefertigt. Beim U 100 wurden die Baumuster 416.116 und 416.117 mit einem Radstand von 3400 mm, die Lasten bis drei Tonnen zuließen, bevorzugt.

Von vorn ist der U 416 vom U 406 nicht zu unterscheiden.

Auch mit Doppelkabine machte der Unimog eine gute Figur.

Links Das Ganzstahlfahrerhaus

Mit dieser Straßenzugmaschine hatte man vorwiegend Kunden aus Industrie und Gewerbe im Fokus.

Die Baumuster 416.140 und 416.141

Aus heutiger Sicht kurios sind die unterschiedlichen Verkaufsbezeichnungen und Baumuster für dasselbe Fahrzeug mit 100 PS. Gemeint sind die Baumuster 406.140/406.141 mit der Verkaufsbezeichnung U 100/406 (406.200) und die Baumuster 416.140/416.141 mit der Verkaufsbezeichnung U 100/416 und U 110/416 (416.200A). Beide Fahrzeuge waren als Straßenzugmaschine für die Zielgruppen Industrie, Gewerbe, Schausteller und Straßenverwaltungen konzipiert. An die Zulassung als Straßenzugmaschine stellte der Gesetzgeber natürlich Bedingungen. Eine Zugmaschine sollte hauptsächlich zum Ziehen von Anhängern eingesetzt werden und durfte daher nur eine Hilfsladefläche haben. Die vorgegebene Pritschenlänge errechnete sich nach der Formel: Länge max. 1,4 x Spurweite VA. Eine größere Pritsche würde bereits die Einstufung zum Lkw bedeuten. Einige wenige Fahrzeuge dieser Baumuster wurden zusätzlich als Sattelzugmaschine gebaut.

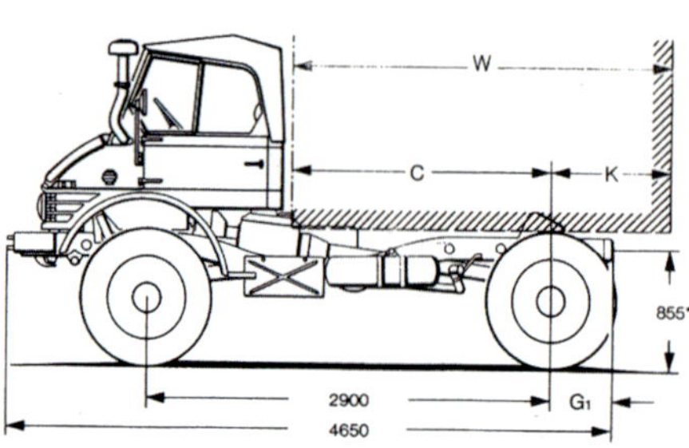

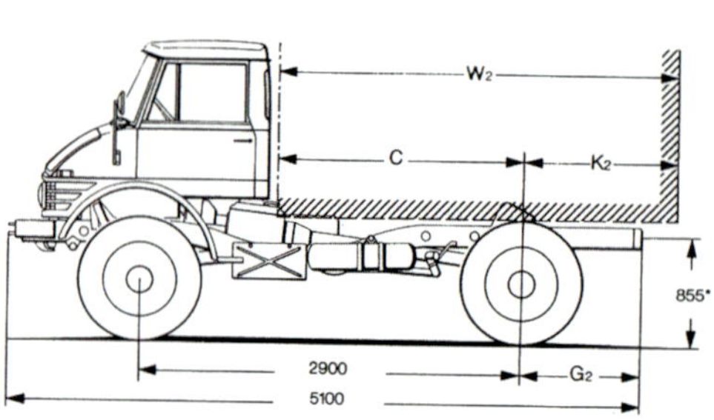

Links

Gekürzter Rahmen zum Bm 416.200A von 4650 mm; G1 = 425 mm

Rechts

Normaler Rahmen von 5100 mmm; G2 = 905 mm

In schwierigem Gelände ist der U 1100L top.

Der Unimog mit hochgeländegängigem Fahrgestell

Der U 1100 L, Baumuster 416.114 der Baureihe 416 zählt bis heute zu den geländegängigsten Nutzfahrzeugen überhaupt. Seine Geländegängigkeit im Verbund mit der Robustheit und Zuverlässigkeit wurde bisher von keinem anderen Radfahrzeug erreicht und übertroffen. Das Geheimnis steckt unzweifelhaft in seinem hochgeländegängigen Fahrgestell. Es zeichnet sich durch sein reduziertes Gewicht, eine gekröpfte Bauart und ein großes Radaufstandsfeld bei größtmöglicher Achsenverschränkung aus. Dahinter stecken Technik, Funktionalität, Präzision und Zuverlässigkeit. Ein versierter Geländefahrer gehört als I-Tüpfelchen natürlich dazu, denn ein solches Fahrzeug muss man beherrschen und fahren können. Der U 1100L ist »wieselflink« und mit seinem relativ geringen Gewicht schon fast mit einem Geländewagen vergleichbar. Der Dieselmotor OM 352 hat ein unglaublich starkes Drehmoment, und auch die Räder der Dimension 12.5-20/10 PR sind im Vergleich riesengroß und absolut geländetauglich. Die einzigen Kritikpunkte sind ergonomischer Art, wie etwa die Sitze, das Lenkrad, Undichtigkeiten (Zugluft), Wärmeabstrahlung und ein hoher Geräuschpegel von fast 90 dB(A). Dennoch ist dieser Unimog das beste hochgeländegängige Fahrzeug dieser Nutzlastklasse seiner Zeit und bis heute ohne ernsthafte Konkurrenz.

Motor	OM 352, 110 PS, 6-Zylinder-Direkteinspritzer-Diesel
Kupplung	Einscheiben-Trockenkupplung
Getriebe	UG 2/27 (G-Getriebe)
Achsen	Portalachsen, Allrad, Differentialsperren
Federung	Schraubenfedern mit Zusatzfedern hinten
Lenkung	Hydraulische Servolenkung
Bereifung	12,5-20/10 PR
Rahmen	Gekröpfter Leiterrahmen
Fahrerhaus	Offen mit Faltdach oder Ganzstahl, kippbar, 3-Punkt-gelagert
Elektrik	12 V/ 490 W
Bremsen	ab 1971 Scheibenbremsen al SA
Tank	90/120 l

Eine Wassertiefe von 120 cm stellt kein ernsthaftes Problem dar.

Unimog 416-Schönheiten

Von oben nach unten

U 110-Triebkopf mit Ruthmann-Schräghubwagen

U 416-Triebkopf mit LESA LUF III-Wohnmobil

U 416 mit 110 PS im Dienst des Unimog-Museums

U 416/U 1100, 110 PS mit Pick-up-Aufbau, einem Radstand von 2900 mm und Doppelkabine

Die Baureihe 416 bei Unimog-Events

Linke Spalte von oben

Bm 416115, U 1100, Baujahr 1978, 110 PS, Zweiwege-Unimog

Durch den langen Radstand hat der Wohnmobilaufbau sehr viel Platz.

Die Hochgeländegängigkeit ist ein Markenzeichen der Baureihe 416.

Rechte Spalte von oben

Das Baumuster 416.200A als Zugmaschine mit der klassischen kurzen Pritsche

Baureihe 416-Doppelkabine

Bei den Freiwilligen Feuerwehren ist die leistungsstarke Baureihe 416 sehr beliebt.

UNIMOG U100/416

100 PS/DIN
110 HP/SAE

U 100-Prospekt von 1972 aus der Sammlung Carl-Heinz Vogler

Die Baureihe 416 im Einsatz

Oben
Einsatz im Abschleppdienst in Chur/Schweiz

Mitte
U 80-Triebköpfe mit Ries-Aufbauten

Unten
U 100 mit Grabenfräse von RADAL (Norwegen)

Ein UR 416 der deutschen Schutzpolizei

Der gepanzerte U 416

Das Fahrgestell mit dem Antriebsstrang und Teilen des Fahrerhauses gehörten zum Baumuster 416.160. Daraus entwickelte die Firma Thyssen den 110 PS starken UR 416 mit einem Radstand von 2900 mm. Zielgruppe waren vorwiegend die Polizeibehörden im In- und Ausland. Die deutsche Schutzpolizei und hier besonders die Sondereinsatzkommandos erhielten ab 1969 diesen UR 416. Einige der Fahrzeuge hatten eine gepanzerte Beobachtungskuppel und waren vorderseitig mit einem Räumschild ausgestattet. Ein militärischer Einsatz ist nur aus Südamerika bekannt.

So wurde der UR 416-Torso in Gaggenau ausgeliefert (links); eine weitere Variante des UR 416 ohne Beobachtungskuppel und Räumschild (rechts).

Baureihe 426

Eine zweite Baureihe für Südamerika

Die Baureihe 426 entstand auf der Basis der Baureihe 416, und analog der argentinischen Baureihe 431, die auf der deutschen Baureihe 421 basierte, wurden auch hier die Fahrzeuge in Argentinien aus zugelieferten Teilen aus Gaggenau montiert. So entstand aus einem U 416 ein U 426. Später bedauerte man im Unimog-Vertrieb die zu früh vergebene Nummerierung, denn bei der Einführung der »Schweren Baureihe« mit den Baureihen 424, 425, 427 usw. in den 1970er-Jahren war die Baureihe 426 schon vergeben. Und damit war die Logik der Nummerierung etwas abhandengekommen. Der Radstand betrug beim U 416 2.900 mm. Beim Motor entschied man sich für den drehmomentstarken OM 352. Zwischen 1968 und 1983 wurden etwa 6.000 Unimog dieser Baureihe hergestellt, die aus Argentinien (2.643 Fahrzeuge für den Eigenbedarf) auch in andere südamerikanische Länder exportiert wurden.

Baureihe	Verkaufsbezeichnung	Radstand in mm	Leistung PS	Fahrerhaus	Stück
426.124	U 426	2900	90, 100	offen	2521
426.125	U 426	2900	90, 100	geschlossen	122

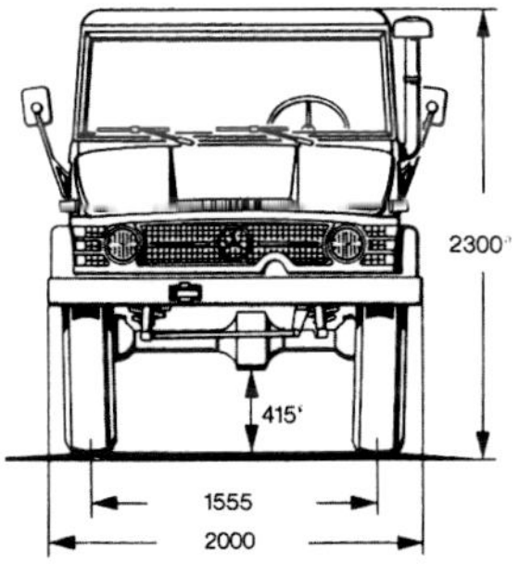

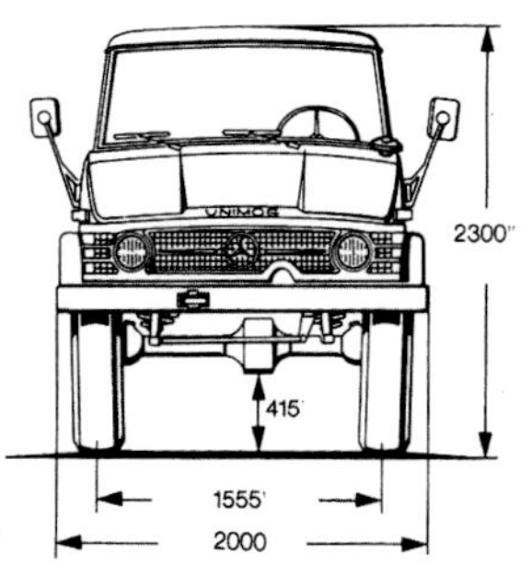

Optisch sind der U 416 und der U 426 identisch. Das obere Bild zeigt den U 426 Cabrio, unten ist der U 426 mit Ganzstahlfahrerhaus zu sehen.

Alle Bauelemente des U 426 entsprachen dem bewährten U 416.

So wurden die Fahrerhäuser in Gaggenau für die lange Reise über den Ozean »verpackt«.

Den südamerikanischen Kunden war der Mercedes-Stern so wichtig wie das Fahrzeug selbst.

Dass man einen Unimog abschleppen musste, geschah eher selten.

Baureihe 413

Geringe Chancen am Markt

Die gleichen Überlegungen, die beim Unimog-Vertrieb vom Unimog 406 zum Unimog 403 führten, kamen auch beim Unimog 416 oder beim Unimog 413 zum Tragen. Der Unimog 413 sollte weniger leistungsstark und zudem etwas kostengünstiger sein. Im Antriebsstrang des U 413 befand sich ein relativ schwacher Vierzylinder-Dieselmotor der Baureihe OM 314. Das Leistungsspektrum lag bei 75 und 80 PS. Von 1969 bis 1988 wurden zwei Baumuster angeboten. Die lediglich gefertigten 633 Exemplare machten deutlich, dass dieses Fahrzeug am Markt wenig Chancen hatte und dass der Trend hin zu stärkeren Unimog anhielt. Marktanalysen, nach denen die Kunden etwas kostengünstigere Fahrzeuge verlangten, hatten sich offenbar als falsch erwiesen. Zudem konnte bei Recherchen nie eindeutig definiert werden, wo die Zielgruppe für diese Fahrzeug angesiedelt war.

Der OM 314, Bm 314.953 war zwar ein guter Motor, aber für den Unimog nicht stark genug.

Baureihe	Verkaufsbezeichnung	Radstand in mm	Leistung PS	Fahrerhaus	Stück
413.110	U 80, U 800L	2900	75, 80	offen	191
413.111	U 80; U 800L	2900	75, 80	geschlossen	442
Summe					633

Die Modellpflege beim U 413

Der U 413 war äußerlich von einem U 416 nicht zu unterscheiden. Man musste schon einen genauen Blick auf den Motor werfen oder am Rahmen die Fahrgestellnummer ablesen, um festzustellen, welches Modell man gerade vor sich hatte. Wie bei allen anderen Unimog auch, wurde auch diese Baureihe durch Modellpflegemaßnahmen laufend den Kundenwünschen angepasst oder das Fahrzeug wurde generell verbessert. Man nannte diese Prozesse auch »kontinuierliche Verbesserungsprozesse«, abgekürzt KVP. Diese Maßnahmen zur Modellpflege gingen in aller Regel parallel zu ähnlichen Baureihen wie der Baureihe U 406 oder U 416 einher. Bei den großen Unimog-Treffen ist dieser Unimog so gut wie nie zu sehen.

Der U 413 ist von einem U 416 kaum zu unterscheiden.

Modellpflege/Änderungen	Jahr	Fahrgestell-Endnummer
Gerade, klappbare Frontscheibe	1969	00003
Zusätzliche Eckfenster am FHS hinten	1970	00014
Servolenkung Serie	1970	00014
Änderung der Typbezeichnung auf U 800L	1970	00014
Eckige Blinker vorne	1971	00016
G-Achsen, Scheibenbremen als SA	1971	00034
Wegfall Lüftungsschlitze über Frontscheibe	1972	00038
Geänderte Lagerung Getriebe am Rahmen	1973	00232
Auspuffrohr auf 70 statt 56 mm geändert	1974	00278
Auftritt links geändert	1975	00316
G-Getriebe UG 2/27 (717.801)	1976	00337
Pneumatische Allradschaltung	1977	00375
Entfall der beiden Chromleisten im Kühlergrill	1979	00457
Handgasbetätigung seitlich an innerer Motorhaube	1979	00476
Produktionsende U 413	1988	00633

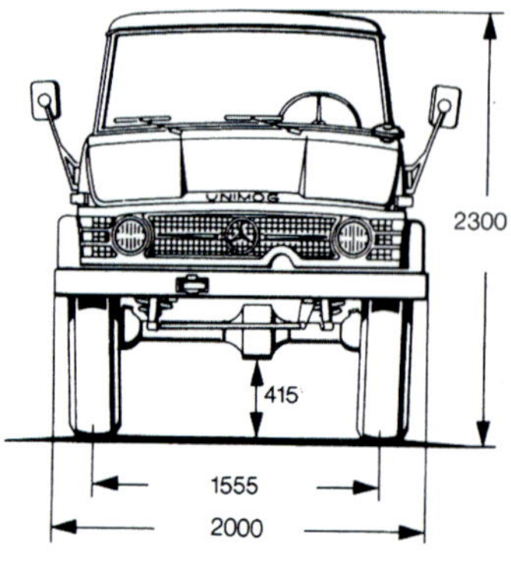

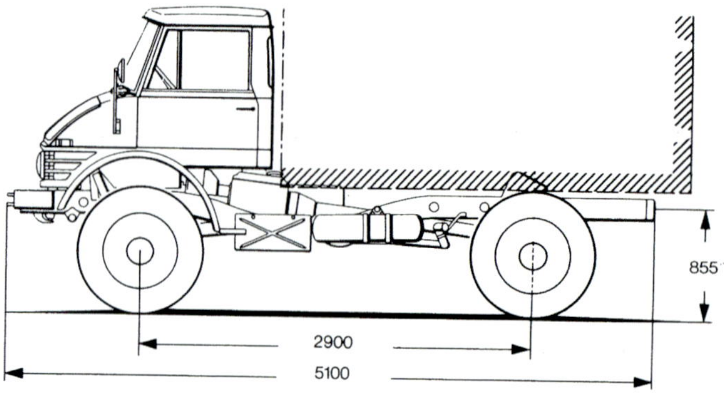

Ein U 800L in Kommunalgelb

Der U 413 wird zum U 800L

Im Juli 1970 wurde aus verkaufsstrategischer Sicht aus dem U 413 der U 800L. Dieses Fahrzeug gab es mit Klappverdeck, Baumuster 413.110 oder mit Ganzstahlfahrerhaus, Baumuster 413.111. Das Fahrzeug mit Klappverdeck ging am Markt fast komplett unter. Den U 800L der Baureihe 413 gab es, wie schon den U 416 davor, in Lkw-Ausführung. Die Lkw-Einstufung brachte zwar Einbußen bei der Nutzlast, denn ein Lkw musste 6 PS pro Tonne Gesamtgewicht vorweisen, eine Zugmaschine hingegen nur 3 PS. Hintergrund dieser geänderten Einstufung waren andere Einsatzmöglichkeiten des Fahrzeugs, denn in der Lkw-Ausführung durfte laut Gesetz die zulässige Geschwindigkeit höher sein. Doch bei einer »Nur«-Zugmaschine war es erlaubt, auch zwei Anhänger zu ziehen, was mit einem »reinen« Lkw gesetzlich nicht gestattet war.

Typenschild-Test im Unimog-Versuch

Der U 800L als kleiner Tanklaster

Baureihe 419 SEE Tractor

2416 Unimog für die US-Armee

Von 1986 bis 1991 wurden Unimog für die amerikanischen Pioniere umgerüstet oder gebaut. Es war die Baureihe 419, gefertigt auf Basis der Baureihe 406. Der Produktionsprozess erwies sich als sehr schwierig, da die amerikanischen Militärs sehr eigene Vorstellungen von dem Gerät hatten. Einige Teile kamen direkt zum Verbauen aus den USA, und auch die 24 V-Elektrik stammte von der US Army. Als hochkompliziert erwies sich die Verarbeitung der amerikanischen Militärfarbe, die eine große Herausforderung an den Arbeitsschutz und die Mitarbeiter vor Ort war. Vertrieben wurde das Fahrzeug unter der Marke FREIGHTLINER. Die gesamte Produktion von 2416 Fahrzeugen ging an die US Army. Dieser Unimog war ein reines Pioniergerät mit verschiedenen Anbaugeräten wie Frontschaufel und Heckbagger.

Travel Position

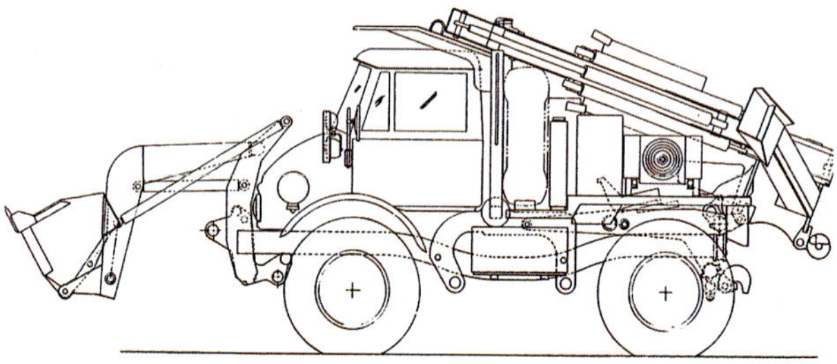

Overall Length	250″ (6.35 m)
Overall Height	102″ (2.60 m)
Overall Width	96″ (2.44 m)
Wheelbase	93.7″ (2.38 m)
Track Width	64″ (1.63 m)

Operating Position

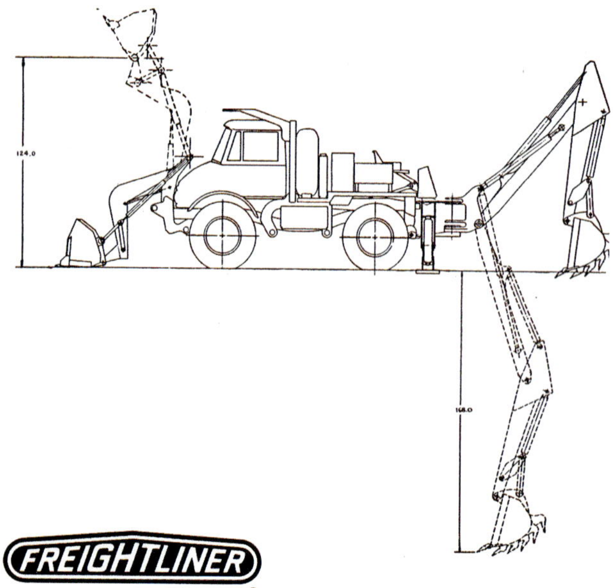

FREIGHTLINER

Der SEE Tractor mit riesiger Pionierschaufel

Prospekt zur Baureihe 419 von 1985; außer bei der US Army stand dieser erfolgreiche Unimog auch beim US Marine Corps im Dienst.

Der U 419 mit Schaufel und Heckbagger in »Schlafstellung« während einer Ausstellung im Unimog-Museum Gaggenau

Oben

Mit 100 PS bullig und stark: 110 HP/SAE

Unten

Moderne SEE Tractor-Studie auf Basis eines U 400

Baureihe 419 SEE Tractor	
Fahrerhaus	Ganzstahlfahrerhaus hochstellbar mit 2 Türen, Sitzplätze für 2 Personen, Türen mit Kurbelfenster
Motor	OM 352, 81 KW/100 PS bei 2800 U/min, 6 Zylinder, 5675 cm^3 Hubraum, max. Drehmoment 314 Nm bei 1700 U/min
Getriebe	MB-Synchrongetriebe mit 8 Vorwärts- und 4 Rückwärtsgängen, Geschwindigkeiten von 4,1 bis 75,5 km/h, pneumatische Zuschaltung, Allradantrieb
Elektrik	24 V-Anlage, Drehstromlichtmaschine 55 A, 770 W
Maße und Gewichte	Länge / Breite / Höhe = 4100 / 2040 / 2395 mm, Einsatzgewicht ca. 6000 kg, zulässiges Gesamtgewicht 6500 kg, Bereifung 12,5-20
Produktion	Produktionszeitraum 1986 bis 1991 in Gaggenau
Besonderheiten	Ausrüstung mit Frontlader, Fahrerhausschutz und Bagger beim Einsatz für Pionierarbeiten bei der US-Armee

Ein SEE Tractor mit 110 PS ohne Anbaugeräte. Seine Einsatzgebiete waren: Kosovo, Bosnien, Somalia, Irak und Afghanistan.

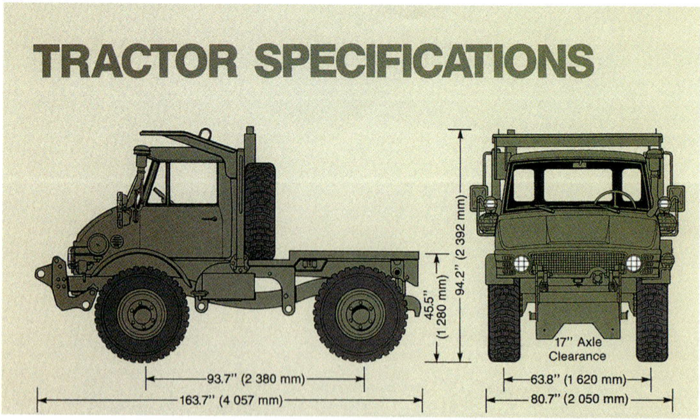

Der SEE Tractor bewährte sich auch bei der US-Marine bestens. Im Jahr 2001 fiel bei der US Army und der US-Marine die Entscheidung, dass 2200 dieser Unimog grundüberholt und umgebaut werden sollten und somit noch deutlich länger zur Verfügung stehen würden.

Baumuster	Typ	Radstand in mm	Leistung PS	Fahrerhaus	Stück
419.101	FL-SEE Tractor	2380	100	geschlossen	2086
419.102	FL-HME Tractor	2380	100	geschlossen	13
419.103	FL-HMMH Tractor	2380	100	geschlossen	164
419.104	FL-HME Tractor	2380	100	geschlossen	153
Summe					2416

FL = FREIGHTLINER; SEE = Small Emplacement Excavator

Eine deutsche Variante des SEE Tractor mit offenem Fahrerhaus

Vieles an dieser neuen Baureihe war noch mit der Baureihe 421 identisch.

Baureihe 407

Leichte-Baureihe-Unimog (LBU)

Die Baureihe wurde von 1988 bis 1993 als Nachfolgemodell der Baureihe 421 produziert. Hintergrund waren strukturelle und betriebswirtschaftliche Gründe, die eine Modernisierung des Unimog-Programms Ende der 1980er-Jahre verlangten. Mit der Baureihe 407 wurde eine komplett überarbeitet Unimog-Familie, die sich fortan »Leichte-Baureihe-Unimog« (LBU) nannte, auf den Markt gebracht. Im Jahr 1987 präsentierte man den U 407 erstmals auf der IFAT in München. Der U 407 bestand aus insgesamt sechs Baumustern: dem U 600, Baumuster 407.100 mit einem Radstand von 2250 mm, dem U 650*, Baumuster 407.110, mit einem Radstand von 2605 mm und dem U 650L*, Baumuster 407.111 als hochgeländegängiges Fahrzeug mit einem Radstand von 2605 mm (siehe dazu auch komplette Baumustertabelle auf der folgenden Seite). Die mit einem Stern* gekennzeichneten Typen waren auch als Lkw verfügbar; der Zusatzbuchstabe L beim U 650L verwies auf einen größeren Rahmenüberhang. Einen Triebkopf gab es bei dieser Baureihe nicht.

Den U 407 gab es nur mit einem Ganzstahlfahrerhaus.

Vergleich zwischen einem Fahrzeug mit kurzem und mit langem Radstand

Das Unimog-Programm ab 1988

Der U 650 war bei vielen kommunalen Betrieben sehr beliebt, verkaufte sich am Ende aber trotzdem nicht besonders gut.

Das Unimog-Programm wurde im Frühjahr 1988 erweitert und modernisiert. Neue Strategieentscheidungen flossen in das Programm ein, und Wünsche der Kunden sowie der Gerätehersteller fanden stärkere Berücksichtigung. Zudem spielten Aspekte der Arbeitsplatzsicherung und modernere Fertigungstechniken im Werk Gaggenau eine gewichtige Rolle. 1988 stellte die Daimler-Benz AG unter anderem die Baureihen 407 und 417 vor. Das Gesamtprogramm bestand nun aus den Baureihen 407, 417, 427, 437 und den MBtrac-Reihen. Diese neuen Baureihen ersetzten die in die Jahre gekommenen Baureihen 421, 403, 413, 406, 416, 424, 425 und 435. Nur der U 416 wurde auf Wunsch der Streitkräfte vereinzelt bis 1994 weitergebaut.

Ab 1988 erfuhren alle Unimog eine gründliche technische und ergonomische Überarbeitung und wurden dem neuesten Stand der Technik angepasst. Immer stärker spielten auch die nationalen und europäischen Gesetzgebungen eine Rolle. So wurde das Fahrerhaus des U 407 und U 417 einer grundlegenden Modernisierung unterzogen. Es wurde um 160 mm erhöht und die Windschutzscheibe um 25 Prozent vergrößert. Neben vielen Verbesserungen, wie Heizung und Lüftung, Schallschutz, Rundumsicht, Ergonomie, Hydraulik und dem Unimog-Getriebe UG 2/30, setzte man nun bei den Brems- und Kupplungsbelägen EG-konforme asbestfreie Werkstoffe ein. Selbst die Lacke und die Spritzverfahren wurden umweltfreundlicher. Das Fahrgestell erfuhr ebenfalls eine Überarbeitung. Serienmäßig erhielt das Fahrzeug eine verstärkte Vorderachsfederung. Der zusätzlich eingebaute Stabilisator sorgte für Verbesserung des Fahrverhaltens. Auch die Lenkkinematik wurde von den Konstrukteuren optimiert, indem sie die Achs- und Rahmenteile änderten. Innerhalb der Baureihe 407 war der U 650 das leistungsmäßig kleinste, aber wirtschaftlichste Fahrzeug mit den Kenndaten: Leichte Baureihe Unimog (LBU), Typ 407, Verkaufsbezeichnung U 650, Baumuster 407.110.

Baumuster	Verkaufsbezeichnung	Radstand in mm	Leistung PS	Fahrerhaus	Stück
407.100	U 600	2250	52/60	geschlossen	588
407.110	U 650	2605	60	geschlossen	145
407.110	U 650L	2605	60	geschlossen	56
407.200	U 600	2250	52/60	geschlossen	geplant
407.210	U 650	2605	60	geschlossen	geplant
407.211	U 650L	2605	60	geschlossen	geplant
Summe					789

Die Baumuster ab 407.1… waren mit einer EG-Bremse, die Baumuster 407.2… ohne EG-Bremse ausgestattet. Die EG-Bremsen waren zweikreisig ausgelegt.

Minimale optische Unterschiede

Es ist in gewisser Weise fast genauso wie beim Menschen: Die Unterscheidungsmerkmale sind von Antlitz zu Antlitz am besten auszumachen. Der U 407 unterscheidet sich vom U 421 durch die höhere Frontscheibe und durch das Ansaugrohr in Fahrtrichtung links. Dass die beiden Fahrzeuge »Geschwister« sind, erkennt man auf jeden Fall.

Links abgebildet ein U 421. Das Fahrzeug rechts war ein Versuchsfahrzeug U 407/V5 aus dem Jahr 1987. Einige Kleinigkeiten wurden bis zum Serienstart noch verändert.

Der optischen Unterschied wird durch die Lage der Scheinwerfer bestimmt. Beim U 407 sind die Scheinwerfer im Kühlergrill untergebracht, beim U 417 in der Stoßstange. Die Einbautiefe der Scheinwerferlage ist je nach Stoßstangenausführung veränderbar.

Bild oben Ein U 407 in der Farbe Kieselgrau

Bild unten Ein Zwillingspaar U 407 (U 600)

TECHNISCHE DATEN

U 407/U 600

Baumuster: 407.100

Motor: OM 616.942, 4-Zylinder-Viertakt-Vorkammerdiesel, Bosch-Einspritzpumpe, 5fach gelagerte Kurbelwelle

Bohrung x Hub: 90,9 x 92,4 mm

Hubraum: 2399 cm³

Verdichtung: 21,1:1

Leistung: 52 PS bei 3000 U/min

Drehmoment: 137 Nm bei 2000 U/min

Kraftübertragung: Einscheibentrockenkupplung, Unimog-Getriebe UG 2/30-8-/14,44 GA, in zwei Gruppen und Umkehrung, zwei Kriechstufen, insgesamt 28 V- und 14 R-Gänge

Fahrgestell: gerader Stahl-Leiterrahmen, hochstellbares FHS, Portalachsen, Schraubenfedern und Schubrohr

Bremsen: Trommelbremse/EG-Bremsanalage

Bereifung: 12,5-18 (10,5-18)

Radstand: 2250 mm

Spur v/h: 1400/1390 mm

L x B x H: 4010 x 1895 x 2450 mm

Leergewicht: 2670 kg

Nutzlast: 1800 kg

Max. Geschwindigkeit: 70 km/h

Bauzeit: 1988–1993

Stückzahlen: Bm 407.100 = 588 Stück

Oben

Ein U 407/U 600 bei einem Unimog-Treffen in Berlin-Tempelhof

Mitte

Der U 407/U 600 mit einer Erdbohreinrichtung während eines Unimog-Treffens im hessischen Aufenau

Unten

Der Motor OM 616 mit Euro 0, ab 1988

Baumuster 407.100, U 600 mit 2250 mm Radstand

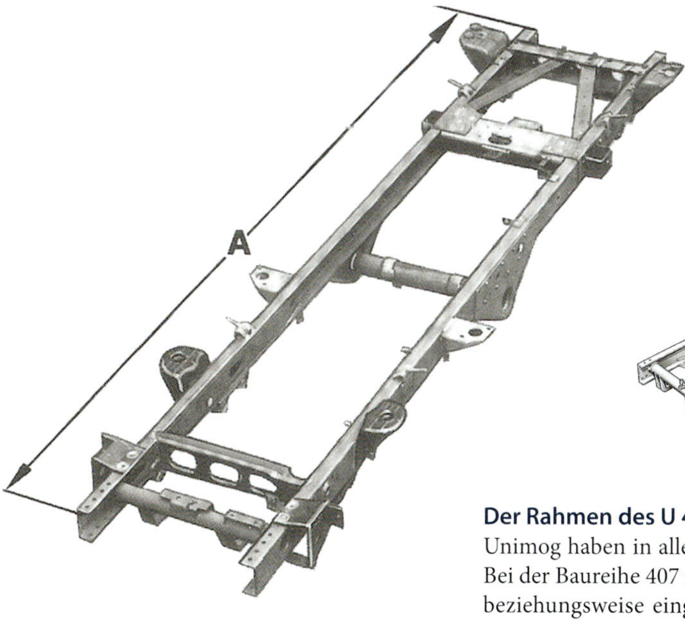

Der U 407-Rahmen (A = 3500 mm)

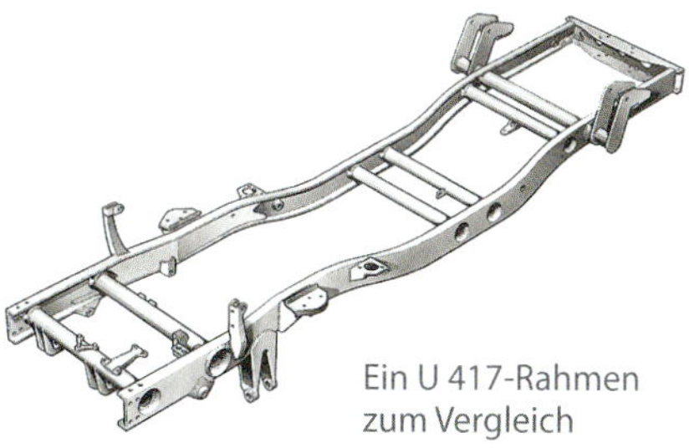

Ein U 417-Rahmen zum Vergleich

Der Rahmen des U 407 (U 600)

Unimog haben in aller Regel einen Leiterrahmen aus Stahl. Bei der Baureihe 407 mit U-Längsträgern und eingenieteten beziehungsweise eingeschweißten Rohrträgern handelt es sich um einen geraden Rahmen. Dieser Rahmen hat eine Reihe von Parallelen mit dem der Baureihe 411. Bei der Baureihe 417 handelt es sich um einen gekröpften Rahmen mit eingeschweißten Rohrquerträgern.

Bild oben

Ein U 407 mit Terra-Bereifung und Großflächenspritze im Frühjahrseinsatz

Bild rechts

Ein U 407 mit Schneeepflug der Firma Boschung beim Winterdienst

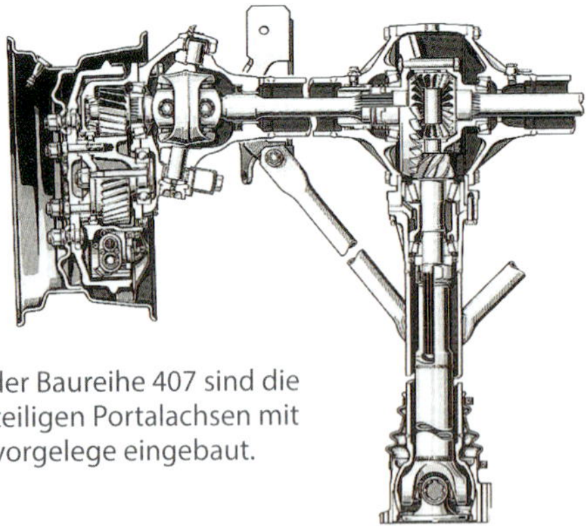

Vorderachse Baureihe 407
407.1-Achse für EG-Bremse

Bei der Baureihe 407 sind die dreiteiligen Portalachsen mit Radvorgelege eingebaut.

Das Bremssystem des U 407
Hydraulische-Zweikreis-Trommelbremse, ALB-Regelung und Druckluftunterstützung, mechanische Stockhandbremse über Seilzüge auf die Hinterräder

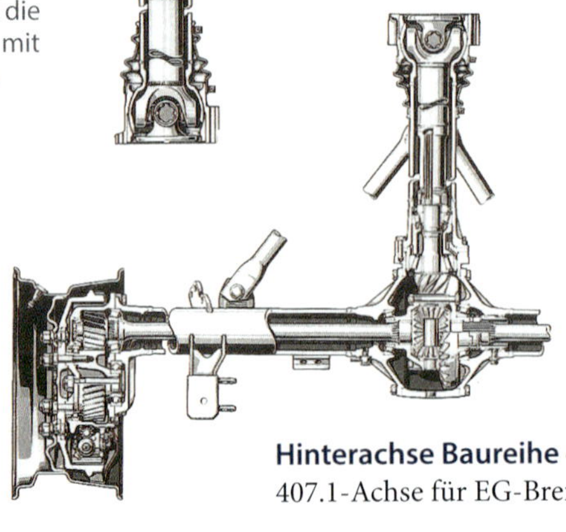

Hinterachse Baureihe 407
407.1-Achse für EG-Bremse

Baureihe 417

Der große Hoffnungsträger

Mit dem »Neuen Unimog-Programm« hatte sich das Unimog-Management ab 1988 anspruchsvolle Ziele gesetzt. Turbulente Zeiten in der Entwicklung, im Versuch und in der Produktion waren die Folge. Die Konstrukteure im Bau 26 hatten häufig gleich mehrere Baureihen auf dem Reißbrett, und in der Produktion löste eine Baustelle die andere ab. Es war die Zeit, als bei den Baureihen aus den 1960er- und 1970er-Jahren (U 406, U 421, U 416, U 403, U 413, MBtrac, U 424, U 425 und U 435) die Stückzahlen hinter den Erwartungen zurückblieben. Das »Unimog-Programm 1988« musste also sofort greifen. Waren es Mitte der 1970er-Jahre noch 10 000 bis 13 000 Einheiten pro Jahr, so konnten die Produktionsplaner in den Jahren 1987/1988 nur noch die Hälfte davon in die Bücher schreiben. Große Hoffnungen setzte man deshalb in Gaggenau auf die Baureihen 407 und 417 beziehungsweise auf die SBU-Baureihen U 427 und 437. Selbst am »Sorgenkind« MBtrac gingen schon damals die Diskussionen nicht vorbei. Was dann im November 1991 zum Stopp der Produktion des Fahrzeugs führte. Doch die Defizite des MB-Schleppers wirkten noch länger nach.

Umbauten in der Fabrik sollten die Fertigungswege optimieren, und die Logistik musste der neuen Zeit angepasst werden, was bedeutete den Unimog wieder auf rentablere Wege zu bringen. Das Hochregal in der Goethestraße, Umbauten im Presswerk, Neubauten im Nordwerk und Optimierungen in den Fertigungsprozessen (Lackierstände und Prüfräume) trugen dazu bei. Doch der erste Rückschlag ließ nicht lange auf sich warten, denn die neue Baureihe 407 verkaufte sich nicht so, wie man sich das in Gaggenau vorgestellt hatte. Mit nur 789 produzierten Fahrzeugen von 1988 bis 1993 kam die Baureihe über ein Nischendasein nicht hinaus, was im Rückblick sehr schade für dieses innovative Produkt war. Der Misserfolg kann aus heutiger Sicht wohl nicht allein der Zielgruppendefinition, der Untermotorisierung oder dem relativ hohen Preis von über 55 000 DM angelastet werden. Die große Hoffnung basierte nun auf dem Topmodell aus der Baureihe 417.

Baureihe 435/U 1300L

Baureihe 424/U 1000

Baureihe 425/U 1500

Auch der MBtrac geriet Anfang der 1990er-Jahre ins Visier der Betriebswirtschaftler.

Baureihe 417 von 75 bis 125 PS

Links ein U 417 und rechts ein U 406 im Vergleich

Nur wenige Wochen nach der Baureihe 407 aus dem Programm »Leichte Baureihe Unimog« (LBU) startete im April 1988 die »Mittlere Baureihe Unimog« (MBU) mit der Baureihe 417. Sie war die Ablösung der Baureihen 403/413 und 406, während einige Baumuster des U 416 noch weiter produziert wurden. Der Produktionsstart erfolgte mit dem Baumuster 417.100 und der Verkaufsbezeichnung U 800. Dieses Einstiegsmodell hatte als Motorisierung den Vierzylinder-Direkteinspritzer-Diesel OM 314 mit einer Leistung von 75 PS. Die Zielgruppen waren landwirtschaftliche und kommunale Betriebe. Als Arbeits- und Zugmaschine sollte der »kleine« U 417 die bisherigen Baureihen 421, 403 oder 406 ersetzen. Am Ende schafften aber nur 68 Exemplare den Weg zum Kunden. Es war zwar genau dieses Fahrzeug, das die Kunden wollten, nur nicht mit diesem Motor, denn es wurde mehr Leistung nachgefragt.

Baumuster	Verkaufsbezeichnung	Radstand in mm	Leistung PS	Fahrerhaus	Stück
417.000	U 1100T	Triebkopf	85/110	geschlossen	96
417.100	U 800	2380	75	geschlossen	68
417101	U 900	2380	85/110	geschlossen	1330
417.106	U 900	2380	85/110	geschlossen	28
417.110	U 1150	2900	85/110	geschlossen	143
417.111	U 1150L	2900	85/110	geschlossen	233
417.115	U 1150	2900	110	geschlossen	11
417.116	U 1150L	2900	110	geschlossen	6
417.120	U 1150L/34	3400	85/110/125	geschlossen	126
417.200	U 800	2380	75	geschlossen	0
417.201	U 900	2380	85/110	geschlossen	28
417.210	U 1150	2900	85/110	geschlossen	74
417.211	U 1150L	2900	85/110	geschlossen	87
417.212	U 1150L	2900	110/125	geschlossen	6
417.220	U 1150L/34	3400	85/110/125	geschlossen	39
Summe					2275

Ein U 900 mit kurzem Radstand von 2380 mm und 85 PS

Ebenfalls im April 1988 wurden die Baumuster 417.101, 417.106, 417.110 und 417.111 aufgelegt. Diese deckten die Leistungsbandbreiten von 85 bis 110 PS ab. Alle Unimog 417 gab es nur mit geschlossenem Fahrerhaus.

Beiden Baureihen gemeinsam ist der Unimog-Schriftzug und das Mercedes-Benz-Logo.

Tipp

Da der U 407, im Gegensatz zum U 417, nur Trommelbremsen hatte, hilft auch ein Blick auf die Felgentiefe. Die Felgen vom U 407 sind deutlich tiefer.

Zugegeben, für den Nicht-Experten ist es schwierig, diese beiden Baureihen auseinander zu halten. Doch bei Kenntnis einiger Details, die auch die Fachleute nutzen, ist man leicht dazu in der Lage.

Nr. 1 Lage der Scheinwerfer: beim U 417 immer in den Stoßfängern
Nr. 2 Pritschenüberstand zum Fahrerhaus: beim U 407 kein Überstand vorhanden
Nr. 3 Stoßfänger: beim U 407 anfangs vom U 421 übernommen; später kantig, aber schmaler als beim U 417
Nr. 4 Kotflügel hinten: beim U 407 halbrund, wie beim Vorgänger U 421/U 52; beim U 417 eckig mit Blechen.

OM 314

OM 352

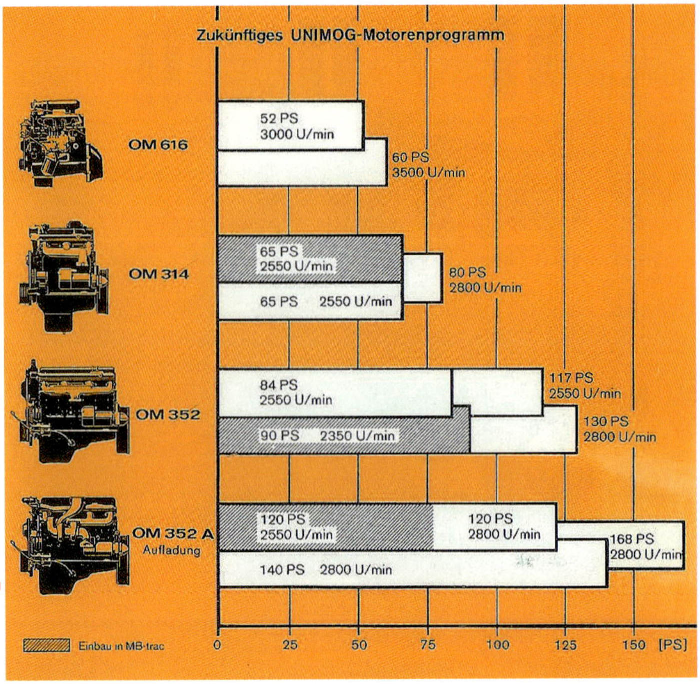

Die Motoren der Baureihe 417

OM 352 / OM 352 A

Der 1964 auf dem Genfer Automobilsalon von Mercedes-Benz vorgestellte Motor OM 352 war das erste Dieselaggregat mit Direkteinspritzung für Nutzfahrzeuge. Die Direkteinspritzung führt zu niedrigerem Verbrauch und mehr Leistung. Allerdings sind die Motoren nicht so laufruhig wie ihre Vorgänger mit der Vorkammertechnik. Doch zunehmend verlangten die Kunden nach einem Mercedes-Benz Dieselmotor mit Einspritzung und Abgasturboaufladung. Der Lader sollte vor allem bei Fahrten im Gelände und Gebirge für die nötige Leistung sorgen. Eingesetzt werden sollte der OM 352 A ab 1966 zunächst bei Schneefräsen, wurde dann aber auch in Lkw und Unimog eingebaut.

OM 314

Bereits 1940 nahmen die Ingenieure von Daimler-Benz die Arbeit an einer neuen Generation von Dieselmotoren auf, der Baureihe 300. Erster Prototyp war der Reihensechszylinder OM 302. Nach vielen Zwischenstationen entstand 1964 der Vierzylinder-Einspritzmotor, der OM 314. Die ersten Aggregate des neuen Typs hatten einen Hubraum von 3,8 l und leisteten 59 kW (80 PS) bei 2800 U/min. Eingesetzt wurden sie in leichten Frontlenker-Lastwagen, Omnibussen, Transportern und Unimog.

Den OM 366 gab es auch beim U 417 mit 136 PS bei 5955 cm^3 Hubraum. Die Kunden dafür waren vor allem in der Schweiz ansässig (siehe Seite 128).

OM 366/OM 366A/OM 366 LA

Dieser 6-Zylinder-Diesel-Direkteinspritzer war eine Weiterentwicklung der Motorreihe 352 und gleichzeitig der Einstieg in die Technologie der EU-Abgasnormen Euro 1 und 2. Alle Abgasnormungen zogen beim OM 366 weitere Detailänderungen nach sich. Die Leistungsbandbreite geht beim OM 366 bis 125 PS, beim Abgasturbolader OM 366 A bis 170 PS und beim Ladeluftkühler OM 366 LA über die 200 PS hinaus.

Der Rahmen des U 417

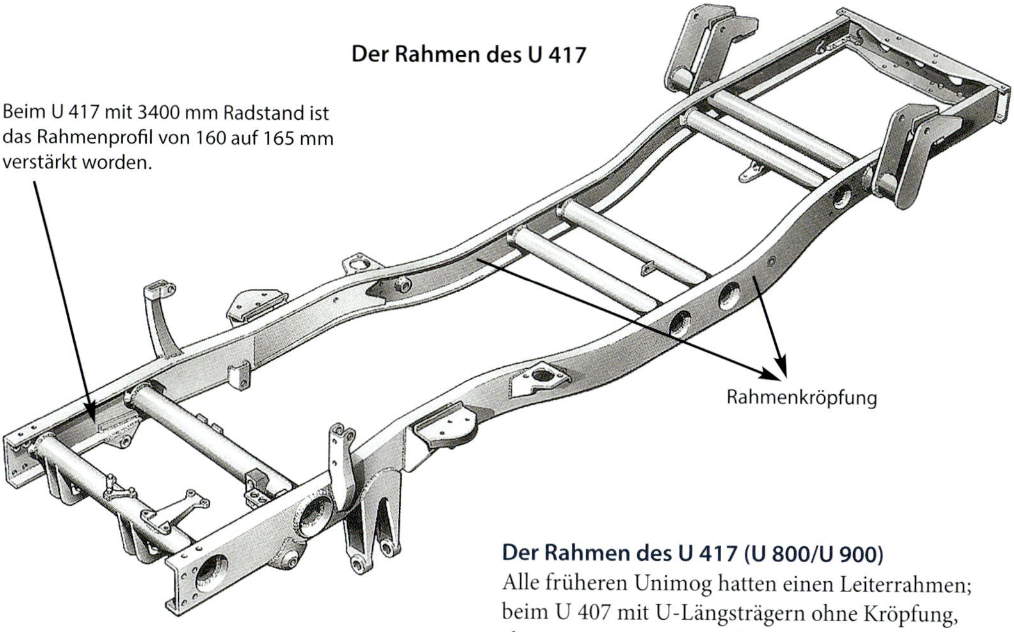

Der Rahmen des U 417 (U 800/U 900)

Alle früheren Unimog hatten einen Leiterrahmen; beim U 407 mit U-Längsträgern ohne Kröpfung, aber mit eingenieteten oder eingeschweißten Rohrträgern; beim U 417 mit gekröpften U-Längsträgern und eingeschweißten Rohrquerträger.

Ur-Leiterrahmen des Boehringer-Unimog

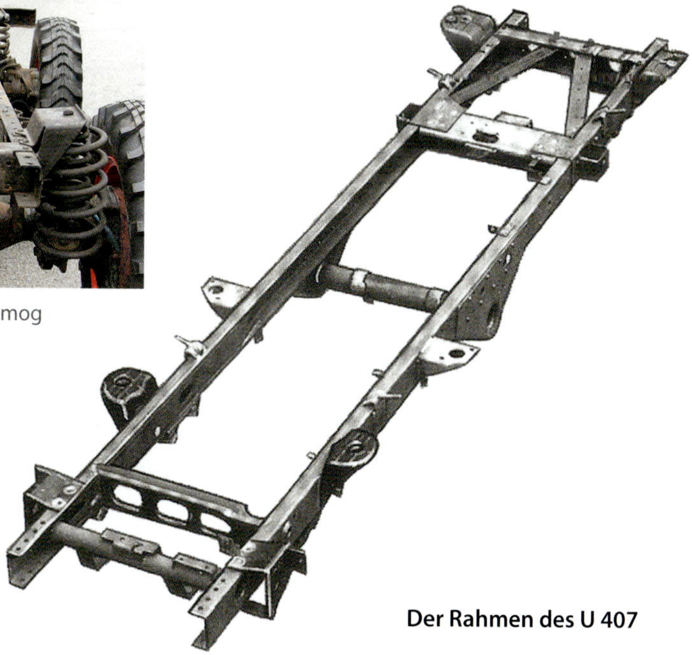

Der Rahmen des U 407

Die Fahrzeugmaße der Baureihe 417

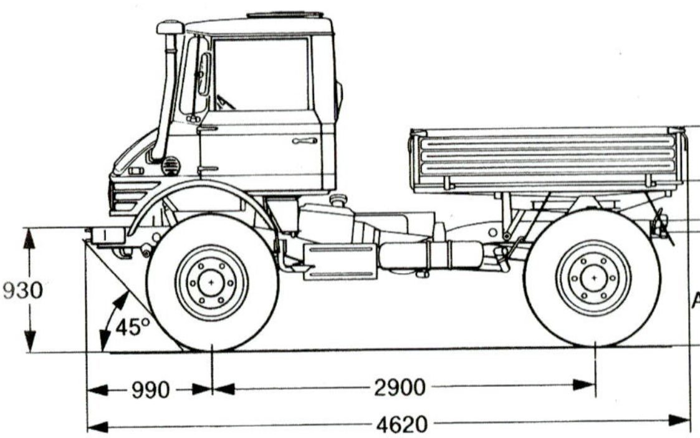

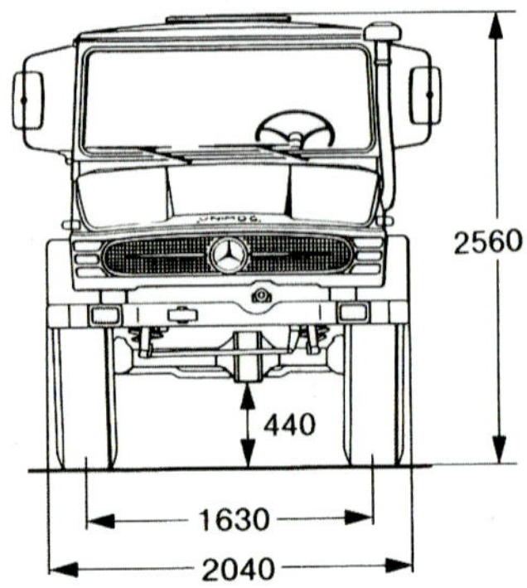

Baumuster
417.110
417.111
417.115
417.116
417.210
417.211
417.212

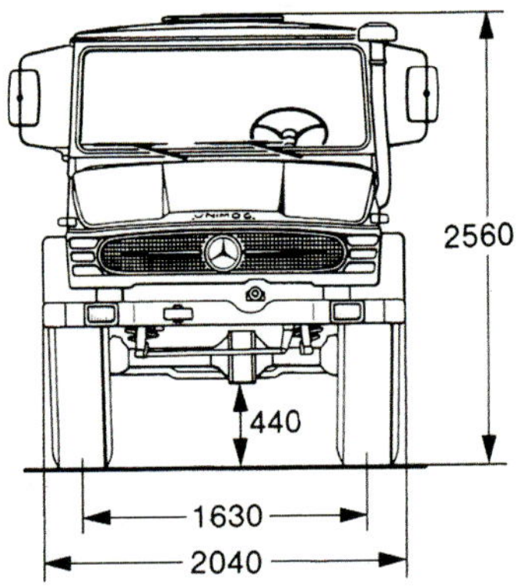

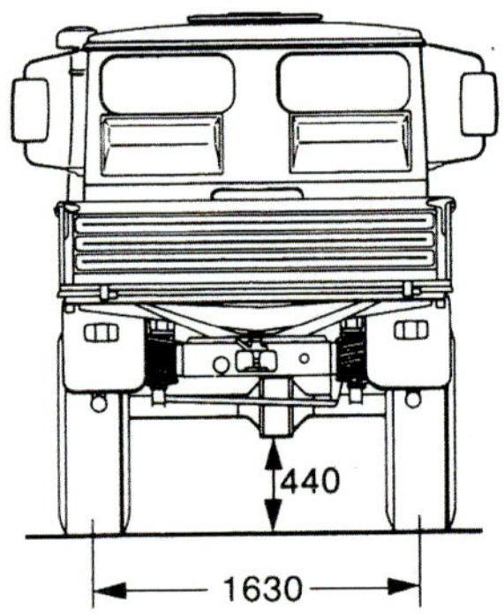

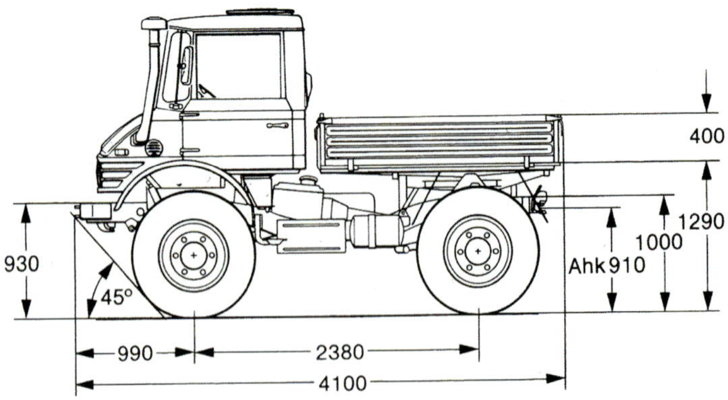

Baumuster
417.100
417.101
417.106
417.200
417.201

Die Baureihe 417 im Forst- und kommunalen Einsatz

Ein U 900 mit 84 PS beim Einsatz in der Forstwirtschaft

Die Mittlere Baureihe Unimog-MBU war eine konsequente Weiterentwicklung eines technischen Konzepts, das sich Universal-Motor-Gerät nennt. Dahinter stand die Erfahrung von über 300 000 gebauten Unimog. Mit dem U 417 wurde die Ära von ausgereiften Geräteträgern vorangetrieben. Der U 417 (U 900) mit 84 PS, Baumuster 417.101, war Geräteträger, Arbeitsmaschine und gleichzeitig mit 1331 Stück ein Topmodell. Die Hauptabnehmer waren Kommunen, das Baugewerbe sowie die Land- und Forstwirtschaft.

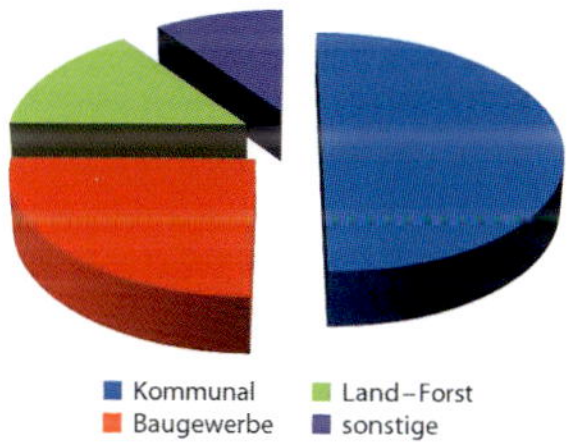

Einsatzbereiche des U 417 Anfang der 1990er-Jahre

Ein U 900 mit 84 PS im kommunalen Einsatz

Baureihe 417 im Einsatz

Von oben nach unten rechts

Ein Tankwagen der Firma GREDIG aus dem schweizerischen Davos. Er führt einen Tank für 3500 Liter Heizöl mit sich.

Das Topgespann eines Kommunalbetriebs

Ein U 417 Ex-Feuerwehrfahrzeug aus Frankreich mit Doppelkabine

Ein U 417 mit dem Motor OM 366 als Zweiwegefahrzeug der SBB aus der Schweiz

Erdbau
UNIMOG

Eine U 417-Studie aus dem Jahr 1986, die dem Original schon sehr nahe kam.

Unimog-Designstudien

Der Studiengang Transportation Design an der Hochschule Pforzheim hat international einen hervorragenden Ruf. 2013 haben einige Studenten anhand mehrerer Designstudien für den »Unimog der Zukunft« ihre Kreativität unter Beweis gestellt. Ein U 417 ist allerdings nicht darunter.

Unimog-Exoten

Keine schrottreifen Oldtimer

Recherchen haben ergeben, dass von den bis heute gebauten 380 000 Unimog knapp zwei Prozent als Exot eingestuft werden können. Damit gäbe es theoretisch zwischen fünf- und zehntausend Unimog-Exoten. Weil bei solchen Unimog etliche Details, die nicht sicherheitsrelevant sind, vom Ursprungsmodell abweichen, bekommen sie von den deutschen Zulassungsstellen zwar keine H-Nummern zugeteilt, dafür aber eine TÜV-Plakette. Und in extremen Fällen muss man schon zweimal hinschauen, um einen Unimog dahinter zu erkennen. Exoten-Unimog sind keine eigenständige Baureihe, denn jeder umgebaute Unimog kann ein Exot sein. Der Begriff Exot kommt übrigens aus dem Griechischen und bedeutet »…der aus einem fernen Land kommt«. Bei den klassischen Unimog-Exoten, wie den Truck-Trial-Fahrzeugen, einer Vielzahl von Unimog-Wohnmobilen und den Spaß-Mobilen sowie den Spezialfahrzeugen, würde diese Definition auch zutreffen. Auf keinen Fall sind Exoten-Unimog aber schrottreife Oldtimer. Im Gegenteil: Meist sind es liebevoll gepflegte und toprestaurierte Spaß- oder Einsatzfahrzeuge, bei denen häufig der ganz besondere technische Einfallsreichtum seines Besitzers eingeflossen ist, denn kaum ein anderes Fahrzeug eignet sich so perfekt zum Exoten wie ein Unimog.

Leichter Transporter als Prototyp der Lkw-Baureihe von 1968; hier mit einem U 416-Fahrgestell

Ein Unimog-S bei Truck-Trial-Meisterschaften

Auch unter diesem Exot verbirgt sich ein Unimog.

U 406 mit Camping-Holzhütte

U 416 Power-Unimog der niederländischen Polizei

Unimog-Exoten

Wäre er eine ernst zu nehmende Konkurrenz für die »Grünen Fernbusse«?

U 416: Wohnen auf zwei Etagen

U 406: damit der Bodendruck gegen Null geht.

U 411 aus Oberbayern mit einem Minibetonmischer; vielleicht auch als mobile Lostrommel geeignet

Ist dieser Rest-Unimog Ersatzteilspender oder Schrotthaufen?

Unimog-Exoten

Unimog-Nachbau aus der ehemaligen DDR

»Stöckelschuhe« für einen Unimog 406

Boehringer-Unimog als Gletscherbus in Island

Das Design eines U 411 wurde für den Eigenbedarf modifiziert.

Niemand würde darunter ein Unimog vermuten. Der hochgeländegängige Safaribus aus Sambia ist auf einem U 416 aufgebaut, hat einen klimatisierten Innenraum und ist für mehrtägige Expeditionen ausgerüstet.

Ein zum Spaßmobil umgebauter U 416 für immerhin 10 Personen

Der U 140 mit 140 PS; auffallend dabei das neue Design und der Sichtkanal auf der Fahrerseite

Unimog 408/418

Der Übergangs-Unimog von 1992/93

Mit dem U 407 und U 417 wurde 1992/93 die leichte Baureihe LBU eingestellt. Bereits zur IAA 1992 in Hannover kam die Nachfolgegeneration mit den Baureihen 408 und 418 als »Mittlere-Baureihe-MBU« auf dem Markt. Im April 1992 gab es eine kurze Überschneidung mit dem U 417. Sechs Monate zuvor, im November 1991, war die Produktion des MBtrac eingestellt worden und so wurden einige Kapazitäten auf dem Produktionsband frei. Der U 418 ging mit sieben Baumustern an den Start und brachte es auf 1223 Einheiten. Die Leistungsbreite lag zwischen 102 und 140 PS. Mit der kleineren Variante, der Baureihe 408 und vier Baumustern, ging man in Gaggenau im September 1992 in die Produktion. Sie sollte den U 407 ablösen. Die Leistungen lagen bei der Baureihe 408 zwischen 88 und 115 PS. Bis zum Produktionsende 2001 wurden 2050 Fahrzeuge davon gebaut. Natürlich befanden sich in Gaggenau ab 1993 parallel außerdem auch noch viele andere Baumuster der »Schweren Baureihen Unimog« in der Fertigung, und man stand kurz vor dem Jubiläum des 300 000sten Unimog.

Das Frontdesign der Baureihen 408/418 war sehr modern, kam aber in der Unimog-Szene nicht besonders gut an.

Das für die Baureihen 408/418 neu entwickelte Fahrerhaus gab es wahlweise mit einem Hochdach sowie mit und ohne Sichtkanal auf der Motorhaube. Der Sichtkanal sollte eine optimale Sicht auf Frontanbaugeräte garantieren. Der schallgedämpfte und ergonomisch konzipierte Innenraum der Fahrerkabine hatte ein großzügiges Platzangebot und viel Beinfreiheit sowie einen ebenen Fahrerhausboden. Nur für das Militär gab es für die Baureihe 418 auch noch eine Version mit offenem Fahrerhaus und klappbarer Frontscheibe.

Baureihe 408: U 90 Turbo in landwirtschaftlicher Ausführung mit Hochdach

U 130 im kommunalen Einsatz mit einem Palfinger-Heckbagger Typ PK 3700

Baureihe 408: U 90 Turbo im Industrieeinsatz bei Mercedes-Benz im Getriebewerk in Rastatt

Baureihe 408: U 100L als Prototyp für den geplanten militärischen Einsatz

Auf dem Testgelände »Sauberg« kommt die Baureihe 408/418 der Kategorie »hochgeländegängig« nahe.

Dieser U 140 Turbo ist mit 140 PS das Topfahrzeug der Baureihe 418.

Das Unimog-Museum

Das weltweit einzige Unimog-Museum

Das im Jahr 2006 in der Unimog-Stadt Gaggenau eröffnete Museum vermittelt jährlich fast 45000 Besuchern die Faszination des Unimog und des MBtrac. Im Museum werden die Unimog, vergleichbar einer Zeitreise, seit ihrem Produktionsbeginn ausgestellt. Mehrfach pro Jahr finden zusätzlich Sonderausstellungen statt. Die Besucher können in der Dauerausstellung vorwiegend toprestaurierte Exponate, wie den Prototypen U 6, den Boehringer-Unimog oder den MBtrac-1800 Intercooler bewundern. Hinzu kommen dann noch die Fahrzeuge der jeweiligen Sonderausstellungen. 2015 feierten die Unimog-Freunde im Museum das Jubiläum »60 Jahre Unimog-S«. Zu den zehn Ausstellungsfahrzeugen zählten ein Prototyp MU 80/0 aus dem Jahr 1953, ein Baumuster 404.111 von 1955 (Franzosen-Unimog), ein Unimog-S mit Holzvergaser, Unimog-S der Bundeswehr und der Schweizer Armee sowie eine frisch restaurierte Doppelkabine. Hinzu kamen themenbezogene Exponate in Vitrinen, Schautafeln, Datenblätter und Fahrzeugbiografien. Dieser Sonderausstellung schloss sich nahtlos die Ausstellung »Von der Straße auf die Schiene« an. Der Unimog im Zweiwegemodus stand dabei im Fokus. Extra für diese Ausstellung wurden auf dem Museumsgelände sogar Schienen verlegt.

Das Unimog-Museum in Gaggenau: Blick in die Sonderausstellung »60 Jahre Unimog-S«

Der Allwetter-Außenparcours beim Unimog-Museum ist dem großen Testgelände »Sauberg« bei Gaggenau nachempfunden. Bei Steigungen und Abfahrten über 100 Prozent, Verwindungsstrecken, Treppen und Überhängen kann der Besucher in der Doppelkabine eines Unimog U 5000 live die Eigenschaften eines Unimog erleben. Kaum ein Museumsbesucher lässt diesen Außenparcours aus. Die Testfahrer sind meistens ehemalige Versuchsfahrer mit viel Erfahrung beim Führen dieser Fahrzeuge. Den meisten Spaß haben aber die Kinder, die angeschnallt in ihren Kindersitzen die Runden sichtlich genießen.

Vorführung des »Holzrückens« im Außenbereich des Museums

Im Museum treffen Alt (U 406) und Neu (U 318) aufeinander

Antriebsstrang mit unsynchronisiertem Getriebe des U 2010

Ein historischer Boehringer-Unimog 70.200/00221, Baujahr 1950

Museums-Parcours mit vielen Schwierigkeitsgraden

Baureihen-Treffen beim Museum

Die Gerätepartner

Sie machten den Unimog zum Unimog

Tragen, laden, schieben und ziehen

Die vier Anbauräume des Unimog sind Teil des ursprünglichen Konzepts der Unimog-Erfinder. Damit wurde das Universal-Motor-Gerät ein echter Geräteträger und Geräteantreiber. Die frühen Traktoren hatten einst nur einen Arbeitsraum, den hinter der Ackerschiene. Spätere Standardschlepper hatten schon zwei davon. Aber der Unimog war und ist mit vier Anbauräumen ausgestattet. Zu allen diesen Arbeitsräumen haben weltweit Gerätehersteller Hunderte von Zusatzgeräten entwickelt, die sie in ihren Prospekten den Kunden vorstellten. Oft ist auf den ersten Blick nicht erkennbar, ob die Gerätehersteller für den Unimog oder für ihr Produkt werben. Die Prospekte haben eines gemeinsam: Sie wurden sehr liebevoll und mit Herz gestaltet. Und es waren gerade diese Hersteller und Gerätepartner (man schätzt, dass es etwa 400 waren), die den Unimog zum Universal-Motor-Gerät machten. Viele Hersteller von Anbau- und Aufbaugeräten sind heute nicht mehr am Markt, andere, wie Schmidt oder Müller-Mitteltal, sind von Anfang an dabei. Alte Sammlungen von Geräteprospekten sind so etwas wie ein wertvolles Briefmarkenalbum. Man pflegt und tauscht die wertvollen Dokumente. Mehr noch, man kann beim Blättern der in Hüllen verstauten und mit Register einsortierten Prospekte regelrecht ins Schwärmen kommen. Eine kleine Auswahl dieser Geräteprospekte sind auf den nächsten Seiten zu finden.

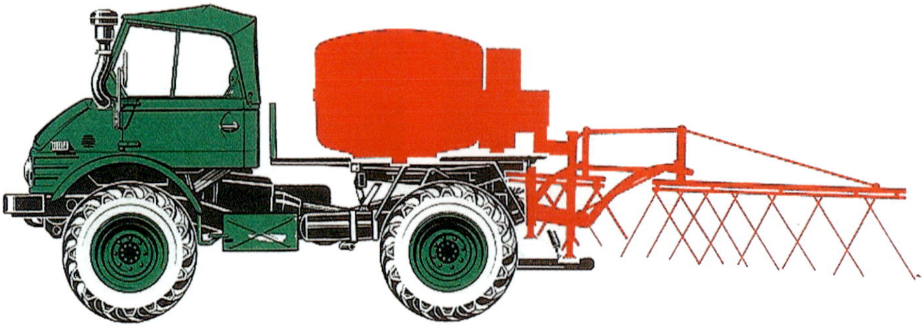

Vollhydraulischer UNIMOG-*Ruthmann*-Hubwagen

mit schräg absenkbarer Ladefläche
Tragkraft 3,0 t, 3,2 t, 3,5 t oder 5,5 t

SPEZIALFABRIK
Ruthmann 4423 GESCHER (WESTF.)
Fernruf: (02542) 809 Telex: 089 2308

LESA

UNIMOG-GERÄTE®

UNIMOG - ABSETZKIPPER

eine zeitgerechte Lösung Ihrer Transportprobleme

leichter - schneller - kostengünstiger - personalsparend

Das LESA Unimog-Absetzkipper-System spart Zeit, Arbeit und Geld!

Das LESA Unimog-Absetzkipper-System ist die einzige Antwort auf die Frage nach einem wirtschaftlichen Transport von Schüttgütern wie Müll, Schutt, Flüssigkeiten sowie auch von Stückgut. Für den LESA Unimog-Absetzkipper ist es gleichgültig, wie groß der Behälter oder wie der Behältertyp ist. Er transportiert sie alle, assistiert durch einen Mann - dem Fahrer. Sein Arbeitsplatz ist das Fahrerhaus. Er muß es zum Aufnehmen, Absetzen, Transportieren und Kippen von Mulden nicht verlassen.

Die verschiedenen Behälter, Mulden etc werden direkt an den einzelnen Anfallstellen aufgestellt. Dadurch werden lange Wege zum zentralen Schuttplatz sowie zusätzliche Arbeitskräfte nebst Lade- und Transportgeräte eingespart. Die Brandgefahr ist gemindert Außerdem können Wind, Regen sowie Ungeziefer den zum Teil übelriechenden Müll nicht mehr zur Plage werden lassen!

Ihr Betrieb ist jetzt sauber!

Mit der **LESA-Absetzpritsche** (2300 x 2700 x 400) wird der Absetzkipper zum Pritschenfahrzeug. Die Pritsche ist nach hinten kippbar

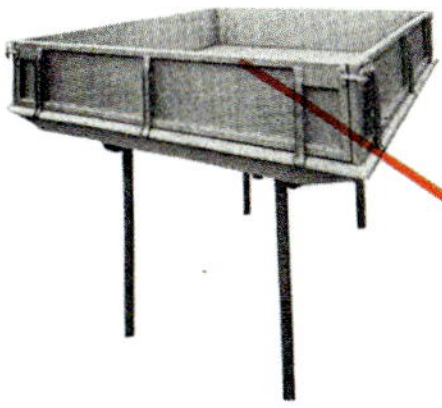

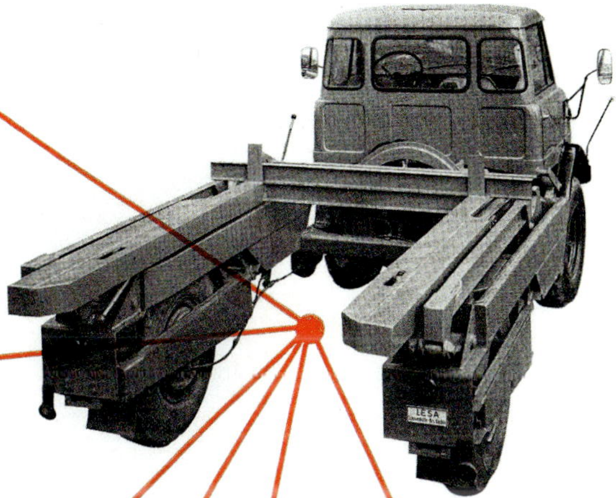

Sollen Werkzeuge und Geräte an einer Baustelle unter Verschluß bleiben, nehmen Sie den **LESA-Werkstattkoffer.**

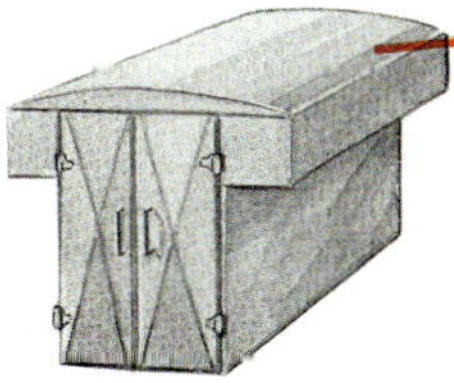

Die **LESA-Absetzpalette** ist für die ebenerdige Beladung mit Schwergut unentbehrlich!

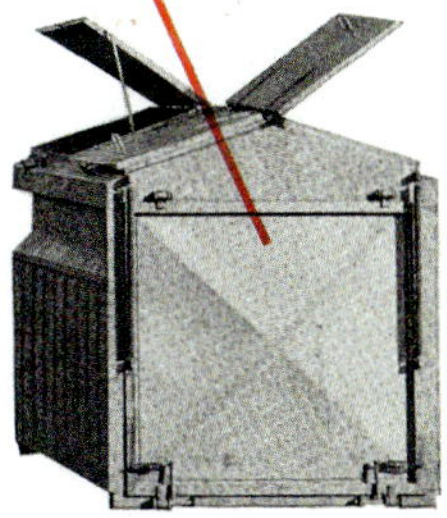

Mit einem **Tank** oder **Vakuumbehälter,** natürlich in Verbindung mit einer Vorbau-Vakuumpumpe wird der LESA Unimog-Absetzkipper zum Tank- bzw. Schlammsaugewagen. Die Pumpe wird über die Unimog-Zapfwelle angetrieben.

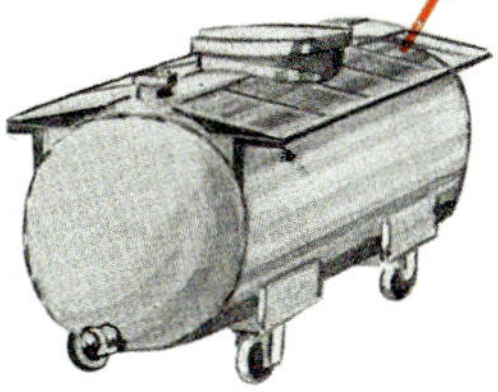

LESA-Mulden stellen wir in der benötigten Größe und Ausführung her. Inhalt zwischen ca. 2 - 10 m^3 Die Größe wird dem Gewicht des Transportgutes entsprechend angepaßt. Die meisten Mulden verlassen feuerverzinkt das Werk.

LESA-Müllbehälter liefern wir in verschiedenen Ausführungen und Größen. Der Behälter ist geschlossen und mit 4 Einfüllöffnungen versehen. Er ist grundsätzlich im Vollbad feuerverzinkt. Hauptsächlich wird dieser in der Größe zwischen 4 und 5 m^3 Inhalt benötigt.

SCHMIDT **SCHNEEFRÄSEN**

Schneefräse Typ VF 3-Z

SCHMIDT

Schneeräummaschinen für UNIMOG 411 (34 PS)

Schneefräse Typ VF 1

Räumbreite: 2.05 m
Vorbauhöhe: 1.30 m
Antriebsmotor: 125 PS

Kaum eine Schneeräummaschine dieser Größenklasse hat in den letzten Jahren eine solche Verbreitung erfahren wie unsere Schneefräse VF 1 am „kleinen" UNIMOG.

Sie ist heute bei der Schneeräumung in 25 Ländern eingesetzt. Diesen großen Erfolg verdankt die VF 1 ihren hervorragenden Eigenschaften, die eine universelle Verwendungsmöglichkeit ergeben und sie auch unter schwierigsten Bedingungen einwandfrei arbeiten lassen. Viele hundert Schneefräsen VF 1 haben wir bisher in alle Welt geliefert.

Schneeschleuder Typ VS 1

Räumbreite: 2.07 m
Vorbauhöhe: 1.25 m
Antriebsmotor: 125 PS

Auch diese Maschine hat sich ausgezeichnet bewährt und ist heute schon in vielen Ländern anzutreffen. Ihr Einsatzbereich entspricht demjenigen der größeren VS 3. Aufbau und Antrieb entsprechen der Schneefräse VF 1, die Räumaggregate sind gegeneinander austauschbar.

Die Schleuderräder der VS 1 besitzen die gleiche Schaufelform wie die VS 3 und haben somit die entsprechenden Eigenschaften, die eine hervorragende Räumleistung ergeben. Ebenso ist sie serienmäßig mit einem mittleren Vorschneidpropeller ausgerüstet.

Seitenschneeschleuder Typ S 1

Räumbreite (mit Zuführpflug): 2.00 m
Schleuderrad ∅: 0.90 m
Antrieb: Zapfwelle

Dies ist die kleinste Einheit unseres Herstellungsprogrammes an Schneeräummaschinen. Über tausend Seitenschneeschleudern wurden schon von uns geliefert und finden überall dort Verwendung, wo Randwälle den Verkehr behindern oder Schnee verladen werden muß und große Maschinen noch nicht erforderlich sind.

Diese Maschine kann ebenso wie die größere Seitenschneeschleuder VS 3 in wenigen Minuten an- oder abgebaut werden. Dadurch ist ein sehr schneller Austausch mit Schneepflügen möglich.

6-Plattenverdichter
Anhängevibrationswalze
Bodenvermörtelungsfräse

Unimog-Spezialmaschinen für den Straßenbau.

Die Vorteile des Unimog-6-Plattenverdichters:

Richtige Gangabstufung und Zwangsführung der Platten. Optimale Anpassung an Schütthöhe und Material.

Keine Entmischung. Gute Verkeilung. Besseres E_2/E_1-Verhältnis.

Hohe Stundenleistung. Arbeitsbreite 2,43 m. Frequenz 55 Hz/Platte. Wuchtkraft pro Platte bis 5500 kp. Rüttelfläche pro Einheit 1,05 qm.

Wasserbringung vor der vorderen Platteneinheit sichert den richtigen Feuchtigkeitswert im oberen Schüttbereich.

DEMAG

GRABEINRICHTUNG A551

Verschiedene Arbeitseinrichtungen

Das Grundgerät hat in systematischer Entwicklung aus den sich im praktischen Einsatz ergebenden Anregungen eine Anzahl zusätzlicher Arbeitseinrichtungen erhalten, die seine vielseitigen Einsatzmöglichkeiten erweitern.

Neben dem Tief- und dem Räumlöffel als gebräuchlichste Arbeitseinrichtungen stehen verschiedene Greifer und Ladeeinrichtungen zur Verfügung.

Graben

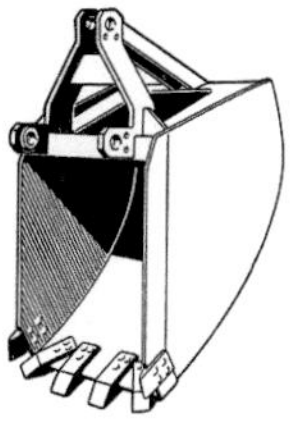

Tieflöffel Zum Grabenaushub, Ausheben von Baugruben oder sonstigen Tiefschnittarbeiten wird der Tieflöffel eingesetzt. Er ist als verwindungssteife Schweißkonstruktion ausgeführt, die in Verbindung mit der großen Grabkraft des Gerätes auch in schweren Böden zufriedenstellende Leistungen ermöglicht. Je nach Art der Bodenverhältnisse werden unterschiedlich ausgebildete Tieflöffel eingesetzt, die in sechs Ausführungen zur Verfügung stehen. Bei gut schneidbaren, nicht klebenden Böden kommen die Normalausführungen mit Schneide zum Einsatz. Gewachsene, mit Steinen durchsetzte oder gefrorene Böden erfordern mit Zähnen bestückte Tieflöffel. Zum Ausheben klebriger Massen wie z. B. Lehm haben sich die mit Schneiden und automatisch betätigten Auswerfern ausgerüsteten Tieflöffel bewährt.

Räumen

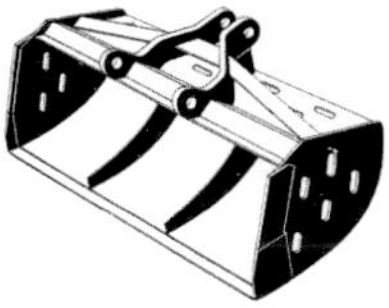

Grabenräumlöffel Der Grabenräumlöffel wird auf Grund seiner durchbrochenen Ausbildung vornehmlich zum Ausräumen von Vorflut- und Abwässergräben, zum Abschälen von Schwemmland an Uferbefestigungen sowie zum Säubern von Abwässergruben, Klärbecken und Teichen eingesetzt. Weiterhin ist sein Einsatz für die Bankettträumung zu empfehlen. Er wird in zwei Größen hergestellt und ist grundsätzlich mit Schneiden ausgerüstet. Die in Stirn- und Seitenblechen angeordneten Langlöcher ermöglichen den Ablauf des Wassers, das mit den Erd- und Schlammassen in den Löffel gelangt.

Greifen

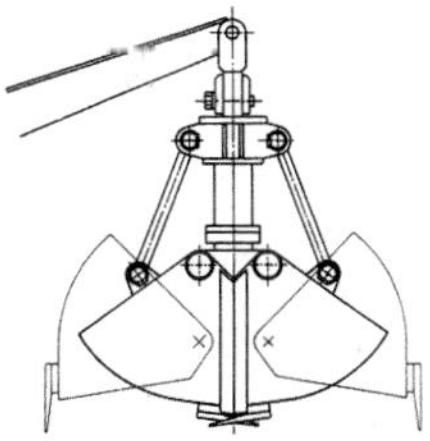

Greifer Zum Verladen von Schüttgütern sowie für leichte Grabarbeiten sind verschiedene Zweischalen Anlenkgreifer lieferbar. Der besondere Vorteil besteht in der Drehbarkeit der Greifer, die es gestattet, parallel an künstlichen oder natürlichen Hindernissen wie Mauern, Zäunen und Erdwällen zu arbeiten. Der Drehvorgang kann hydraulisch oder manuell erfolgen. Die Beschaffenheit des zu greifenden Materials bestimmt, ob der Greifer mit oder ohne Zähne oder Abstreifer ausgerüstet wird.

Laden

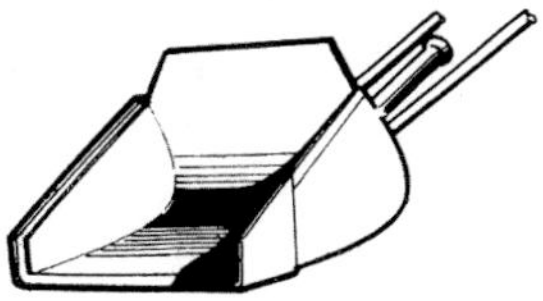

Ladeschaufel Der Umschlag größerer Schüttgutmengen wird zweckmäßig mit der Ladeschaufel durchgeführt. Der relativ große Gefäßinhalt ermöglicht in Verbindung mit der großen Arbeitsgeschwindigkeit Umschlagleistungen bis zu 30 cbm/h je nach Art des Ladegutes und der örtlichen Verhältnisse.

Heben

Kranhaken Gelegentlich müssen mit der Grabeinrichtung A 551 auch länger währende Kranarbeiten durchgeführt werden. Es ist ratsam, daß für diesen Zweck entwickelte Hakengehänge anzubauen. Der geschmiedete Lasthaken ist horizontal unbegrenzt drehbar und vertikal begrenzt schwenkbar. Bei Verwendung dieses Kranhakens können Lasten bis zu 500 kg gehoben werden.

Konrad Peter AG / SA
Maschinenfabrik
Ateliers de construction mécanique
Liestal Schweiz / Suisse

Gegründet 1894
Maison fondée 1894

«Peter» Schneeräumungs-Maschinen und -Geräte
Schneepflüge, Schneefräsmaschinen
Sand- und Splittstreuer, Spezialmaschinen

Chasse-neige «Peter»
Planches et pointes à neige, fraiseuses à neige
Sableuses, machines spéciales

«Peter» Schneefräsmaschine auf Unimog
Fraiseuse à neige «Peter» sur Unimog

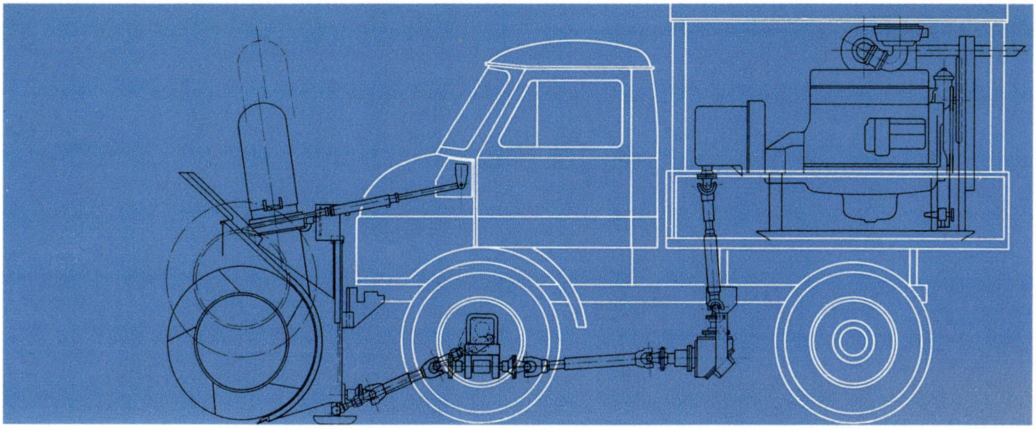

Antriebsschema
«Peter» Schneefräse auf Unimog

Kraftübertragung:
Motor – Kupplung – Zweistufengetriebe – Kardanwelle vertikal – Winkelgetriebe – Kardanwelle horizontal – Zwischenlager – Kardanwelle – Fräsaggregat

Das Zwischenlager ermöglicht ein Abheben des Fräsvorbaues von 38 cm ab Boden
Auf der Unimog-Brücke montiert: Antriebsmotor, Kühlung, Batterien, Brennstofftank

Schéma de la commande
de la fraiseuse à neige «Peter» sur Unimog

Transmission:
Moteur – Embrayage – Engrenage à deux vitesses – Arbre à cardan vertical – Engrenage d'angle – Arbre à cardan horizontal – Palier intermédiaire – Arbre à cardan flexible – Fraiseuse

Le palier intermédiaire permet de lever la fraiseuse hydrauliquement jusqu'à 38 cm du sol
Au pont de l'Unimog:
Moteur de commande, radiateur, batteries, réservoir à carburant

▶ Mercedes-Benz-Dieselmotor, wassergekühlt, 110 PS
Moteur Mercedes-Benz-Diesel, refroidi à l'eau, 110 CV

▶▶ Deutz-Dieselmotor, luftgekühlt, 125 PS
Moteur Deutz-Diesel, refroidi à l'air, 125 CV

▼ «Peter» Schneefräse auf Unimog mit hydraul. Kippverstellung des Fräsvorbaues
Fraiseuse à neige «Peter» sur Unimog, avec réglage par basculement hydraulique

Schaeff

FL 35

HT 11

Der Frontlader

Der Hydraulik-Anbaubagger

für UNIMOG 403/406

Robuster Laderaufbau mit freiem Zugang zum Motor

Die Ladehydraulik wird durch das Unimog-Hydrauliksystem versorgt und vom Fahrersitz aus über die miteingebaute Hydrauliksteuerung bedient. Die Fronttraverse des FL 35 bleibt bei Rahmenbenutzung immer am Unimog, so daß mit den entsprechenden Ergänzungsteilen rasch und sicher andere Vorbaugeräte angebracht und voll genutzt werden können. Ebenso steht der vordere Zapfwellenanschluß immer zur Verfügung.
Im Vergleich zu anderen Konstruktionen stellt der Praktiker draußen im täglichen Einsatz schnell fest, daß der SCHAEFF-FL 35 die ideale Ladereinheit für den Unimog ist. Exakt in der Bedienung, präzise in der Reaktion, schnell und leistungsstark sowie vielseitig einsetzbar durch die ausgezeichnete Arbeitsgeometrie.

Frontlader mit rascher Rahmentrennung und Heckbagger mit schneller An- und Abbaumöglichkeit

Der Geräteeinheit Frontlader-Unimog-Bagger liegt der Rationalisierungs- und Wirtschaftlichkeitsgedanke und eine optimale Nutzungsbreite und Verfügbarkeit zugrunde – auch wenn nur der Frontlader oder nur der Bagger eingesetzt wird. Die richtige Wahl dieser Geräteverbindungen richtet sich nach dem geforderten Einsatz.

Der Unimog dieser Gerätekombination bietet Unternehmen der Bauwirtschaft, der Industrie und den Kommunalbetrieben die Gelegenheit, fortschrittlich, rationell und damit erfolgreich alle angesprochenen Bereiche zu mechanisieren. Mit dem SCHAEFF-Frontlader FL 35 und dem SCHAEFF-Anbaubagger HT 11 stellt sich der Unimog als echte und damit markt- und einsatzkonforme, vielseitige Baumaschine vor. Besondere Vorteile sind:

- Die Gerätekombination behält als komplette Baumaschine ihre volle Straßengeschwindigkeit von 70 km/h;
- die Hilfsladefläche des Fahrzeugs bleibt frei;
- bei Transportstellung des Heckbaggers kann die Anhängerkupplung benutzt werden;
- durch die vorbildliche Rahmentrennung ist der Frontlader FL 35 rasch und mühelos ab- und angebaut, die Fronttraverse bleibt am Fahrzeug, der vordere Zapfwellenantrieb steht zur Verfügung, andere Vorbaugeräte können leicht und schnell montiert werden;
- ebenso schnell und mühelos läßt sich der Hydraulik-Bagger HT 11 vom Unimog absetzen. Der Anbausatz bleibt dabei am Fahrzeug;
- der Unimog kann als reine Zugmaschine gefahren werden;
- die Einheit Frontlader-Unimog-Bagger kann ein fahrzeugeigenes Transportgerät, z. B. Zweiachsanhänger, laden und verfahren.

SPRITZGERÄTE
FÜR GRASWUCHSHEMMUNG

RIES

ZUR PFLEGE VON GRÜNSTREIFEN AN STRASSEN, AUTOBAHNEN UND BAHNKÖRPERN

UNIMOG 406 mit 1750-Liter-Tank, Rührwerk und Pumpenanlage mit Spritzgerät, vom Fahrerhaus zu bedienen, handmechanische und hydraulische Verstellung.

Gerät beim Arbeiten am Grünstreifen von Autobahnen.

Mit Graswuchshemmungsmittel gepflegter Grünstreifen.

ADOLF RIES . BRUCHSAL . SPEZIALGERÄTEFABRIK

TELEFON (07251) 3241 - 3242 POSTFACH 266 FERNSCHREIBER NR. 07822 204

RIES

SELBSTAUFNEHMENDE ANHÄNGE-KEHRMASCHINE

Typ 426

Mit dieser Kehrmaschine wurde ein Gerät geschaffen, das bei niedrigen Betriebskosten einen sehr hohen Nutzeffekt erzielt. Die große Kehrbreite in Verbindung mit dem Großraumbehälter garantiert eine optimale Kehrleistung.

- **Einfache Konstruktion**
- **Solide Ausführung**
- **Große Kehrbreite 2000 mm**
- **Großraumbehälter 1,3 m³**
- **Geringe Wartung**
- **Sehr wendig durch neuartiges Schwenkgetriebe**

Einfachste Bedienung durch hydraulische Kippentleerung des Schmutzbehälters. Die neuartige Kehrwalze sichert das vollständige Füllen des Behälters.

BINZ AMBULANCE

Unimog Ambulanz Fahrzeuge

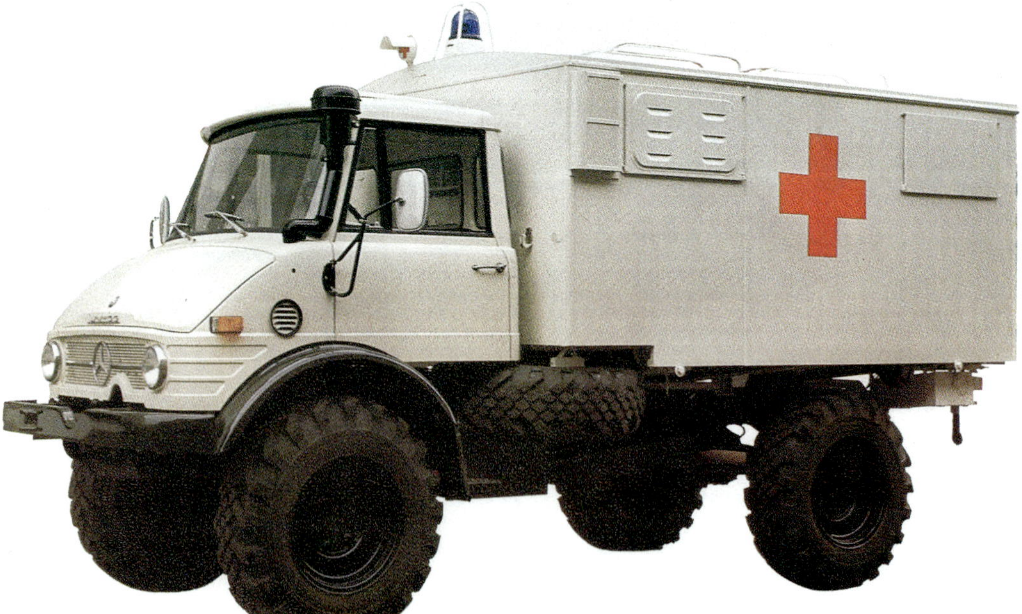

Unimog 404/416 BINZ-Behelfskrankenwagen
Unimog 404/416 BINZ Makeshift Ambulance
Unimog 404/416 Ambulance provisoire BINZ

5

6

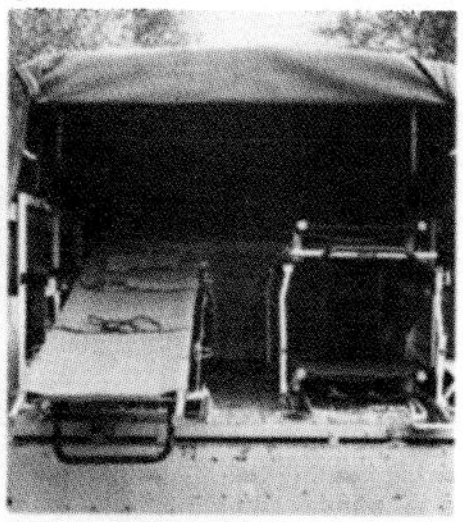

7

8

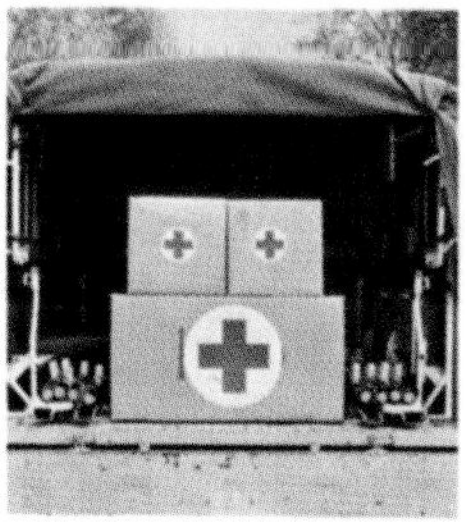

5 *Für die Unimog-Pritsche mit Plane liefern wir schnell- und leichtmontierbare Krankentragen-Lagerungen.*
6 *Auf der Pritsche können 2 Einzelgestelle eingebaut werden. Die oberen Tragen werden zum Be- und Entladen ausgeschwenkt.*
7 *Zum Personentransport werden die Bühnen zu Sitzbänken umgerüstet. Die zusammenlegbaren Tragen und Tragenführungen werden raumsparend unter den Sitzen gelagert.*
8 *Für die maximale Nutzfläche der Pritschen werden Sitze und Tragenlagerungen hochgeklappt.*

5 *We supply fast and easy fixable stretcher supports for mounting on the Unimog platform with tilt.*
6 *On the platform two single stretcher supports can be installed. The upper stretchers are swivelled for loading and unloading.*
7 *For the conveyance of persons the benches are being unfolded and the stretchers and stretcher supports put together below the benches.*
8 *In order to get a maximum use of the platform the benches and stretcher supports are folded to the side walls.*

5 *Pour la plate-forme avec de bâche de l'Unimog nous fournissons des supports à civières à montage vite et facile.*
6 *Sur la plate-forme il est possible de monter 2 montures isolées. Les civières supérieures sont pivotables pour le chargement ou déchargement.*
7 *Pour le transport de voyageurs il faut transformer les plate-formes à des bancs. Les civières pliables et voies de civières sont logées au-dessous des sièges à gain-de-place.*
8 *Pour la surface utile max. des plate-formes les sièges et supports à civières sont basculées en haut.*

«TRENKLE» SECHSPLATTENVERDICHTER

System Boschung

Ein bewährtes Anbaugerät zum U N I M O G
mit folgenden Vorteilen:

- Höchste Verdichtungsleistung
- Robuste Konstruktion – Kleiner Verschleiß
- Zwei Arbeitsgänge bei einer Durchfahrt
- Transportgeschwindigkeit 60 km/Std.
- Schnellster An- bzw. Abbau, dadurch sofort Unimog als Zugmaschine mit 65 PS für andere Arbeiten frei
- Konkurrenzloser Anschaffungspreis
- Von Daimler-Benz geprüft und freigegeben

Anbau am Unimog 406 – je 3 Platten vorn und hinten. Antrieb über die beiden Zapfwellen.

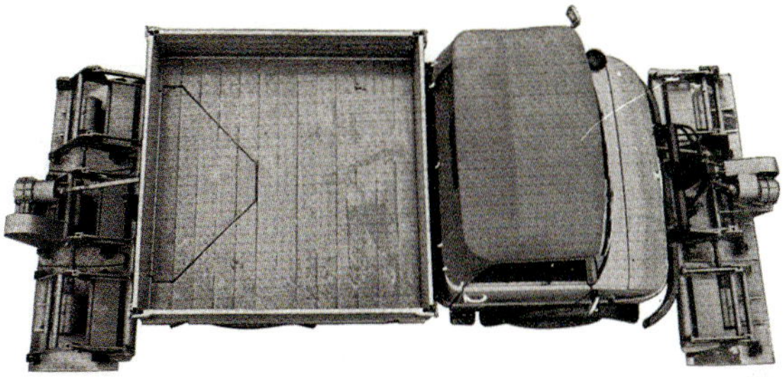

Front- und Heckverdichter

Durch das gleichzeitige Arbeiten eines Front- und Heckvibrators, erfolgen nicht nur zwei Arbeitsgänge in einer Durchfahrt, sondern die **vereinten Rüttelkräfte** dieser beiden Vibratoren **steigern die Verdichtungsleistung** ganz beträchtlich.

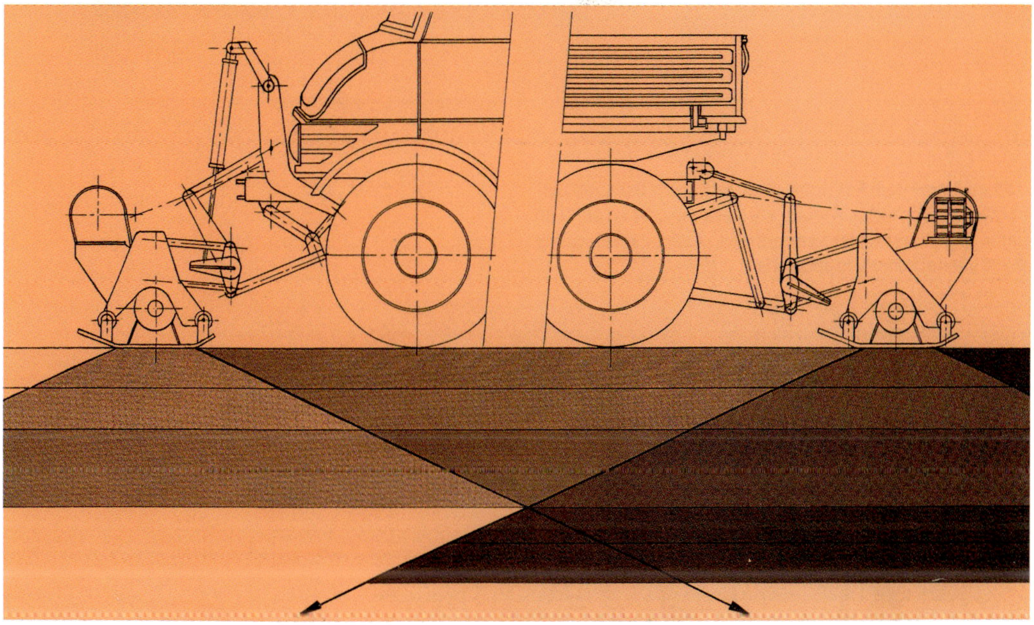

Technische Daten

Arbeitsbreite	2 430 mm
Abmessung der einzelnen Platten	800 × 700 mm
Schwingungen bis	3 400 U/min = 55 Hz
Rüttelfläche pro Einheit	1,05 qm
Wuchtkraft pro Platte	bis 5,5 to

Abmessungen und Gewichte

Länge über alles	6 150 mm
Breite über alles	2 430 mm
Gesamtgewicht	4 700 kg
Leergewicht des Unimog	3 100 kg
Gewicht der Plattenverdichter	1 600 kg
Bodenfreiheit	270 mm

Preis- und Konstruktionsänderungen vorbehalten

DBP und Auslandspatente angemeldet

TRENKLE GERÄTEBAU

Lothar Trenkle KG
Gerätebau
7731 Pfaffenweiler bei Villingen
Telefon Villingen 38 08
FS 0 79 25 43

Zu beziehen durch:

HIAB 245

Der perfekte Stückgutkran für jeden UNIMOG

Aufbau hinter dem Fahrerhaus auf alle UNIMOG's mit verkürzter Ladepritsche. Aufbau am Heck auf U 54, U 66, U 80 und U 90 mit verkürzter Ladepritsche. Aufbau am Heck auf U 100 mit normaler Ladepritsche.

Ein neuer Ladekran für jeden UNIMOG

Der HIAB 245 - eine Neuentwicklung im HIAB-Programm - kann mit einem Spezialfuß mit zweifacher hydraulischer Abstützung auf alle UNIMOG-Typen hinter dem Fahrerhaus oder am Heck bei den Typen U 54, U 66, U 80 und U 90 unter Beibehaltung der kurzen Ladepritsche aufgebaut werden. Beim U 100 bleibt die Normal-Ladepritsche bestehen. Mit 2,25 mt Hubleistung ist er stark genug, Ladegüter bis zu 1,5 t zu heben.

Neuartige Steuerventile ermöglichen weiche und vollkommen stoßfreie Arbeitsbewegungen. Auffallendstes Konstruktionsmerkmal aber ist das neue Armsystem mit einer Reichweite von 4,5 m. Mit einer Spezial-Armverlängerung sind es sogar 6 m. Der Kran wird serienmäßig mit einem von Hand ausziehbarem Schubstück geliefert. Ein hydraulisches Schubstück ist auf Wunsch lieferbar. Es ist 1 m lang und läuft spielend leicht in vier Rollenlagern. In der Standardausführung ist der HIAB 245 der perfekte Stückgutkran. Eine Vielzahl leicht anzubringender Greifer und Ladegeräte machen ihn zum idealen Ladekran für viele andere Ladegüter. Eine Hydro-Seilwinde mit 15 m Drahtseil, die an der Seite des Auslegers angebracht werden kann, ermöglicht das Heranziehen von Ladegütern aus größeren Entfernungen.

Durch seine Vielseitigkeit wird dieser HIAB-Kran zum Spezialisten für die unterschiedlichsten Ladeaufgaben.

Wenn Sie Ladeprobleme haben, fragen Sie uns, wir haben fast alle gelöst.

Technische Daten

Ausladung .... 4,5 m
Ausladung mit Armverlängerung .... 6,0 m
Teleskop mechanisch einstellbar auf
Armlängen von .... 3,0 m, 3,5 m, 4,0 m und 4,5 m
Teleskop hydraulisch 1 m verfahrbar zwischen ... 3,5–4,5 m bzw. 3,0–4,0 m
Hubleistung .... bei 1,5 m Ausladung 1500 kp
bei 2,0 m Ausladung 1125 kp
bei 3,0 m Ausladung 750 kp
bei 3,5 m Ausladung 650 kp
bei 4,0 m Ausladung 550 kp
bei 4,5 m Ausladung 475 kp
mit Armverlängerung bei 6,0 m Ausladung 275 kp
Hubhöhe über Fahrzeugrahmen .... ca. 5,8 m
Bauhöhe ab Aufbaurahmen in Transportstellung .... ca. 1,6 m
Schwenkbereich, Aufbau hinter Fahrerhaus .... 190°
Aufbau am Heck .... 370°
Betriebsdruck .... 130 kp/cm²
Ölbehältervolumen .... ca. 35 Liter
Aufbaugewicht betriebsfertig .... ca. 625 kg
Hubgeschwindigkeit bei 4,5 m Ausladung .. ca. 0,5 m/sek.
Schwenkgeschwindigkeit bei 30 l/min. .... ca. 25°/sek.
Förderleistung der Pumpe .... ca. 30 l/min.
Antrieb: an der Zapfwelle des UNIMOG's angeschlossene Kolbenpumpe
Montage: je nach UNIMOG-Typ in Dreipunktlagerung mittels Spezialsockel oder Spezial-Tragrahmen

Konstruktionsänderungen vorbehalten.

Bewegungs- und Belastungsschema

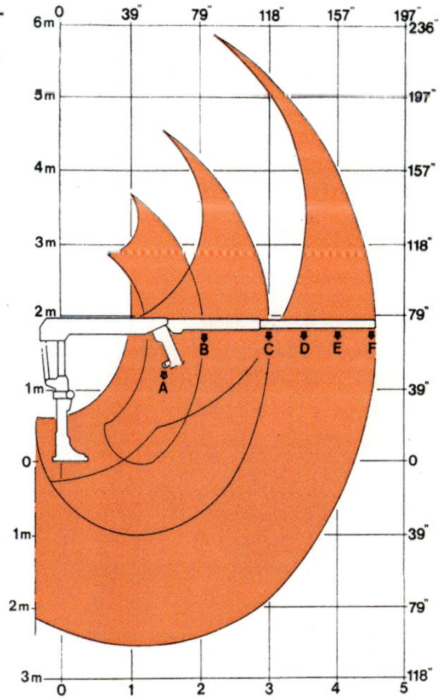

HIAB
HYDRAULISCHE INDUSTRIE GMBH · 3 Hannover, Vahrenwalder Straße 194, Telefon (0511) 634028, Telex 0922560

5000/2.70 V.

Neue Produktstrategie

Ein Paradigmenwechsel weist den Weg in die Zukunft

In der fast 75-jährigen Geschichte des Unimog gab es viele Entwicklungsschritte und Sonderlösungen. Dazu waren über Jahrzehnte immer auch gesetzliche Anpassungen wie Sicherheits- und Umweltvorschriften, zum Beispiel die von Euro 0 bis Euro 6, notwendig. Sie erforderten massive Eingriffe in das Fahrzeug.

Vieles war in den 1990er-Jahren in Bewegung geraten und die Zeiten änderten sich rapide. Nach vielen Analysen war auch beim Unimog angesagt, Altbewährtes über Bord zu werfen. Die Forderungen der Kunden und des Marktes mussten den Anforderungen folgen. Ab sofort wurde die Unimog-Idee für die Zukunft interpretiert. Leitlinien gaben die veränderten Marktentwicklungen und Marktsegmente vor. Die Anforderungen waren nicht nur vielfältig, sondern fast unüberschaubar. Die Lastenhefte für Transport, Feuerwehren, Landwirtschaft, Gewerbe, Kommunaleinsatz, Straßenbau und -pflege oder Industrie konsequent abzudecken, war nicht mehr zu realisieren. Die Zeit für »Neues« war also gekommen, beziehungsweise schon überfällig. Diesen Herausforderungen stellte sich der Unimog-Bereich in Gaggenau mit erfolgversprechenden Geschäftsmodellen. Eine gewichtige Rolle dabei wurde der Neuentwicklung UX 100, der Baureihe 409 zugeordnet. Der UX vertrat dabei ein Marktsegment unterhalb der bestehenden Baureihen. Nach der Analyse der Erkenntnisse um den UX fielen im Produktbereich Unimog wichtige Entscheidungen, um in der Zukunft ein gewichtiges Wort auf dem Markt mitreden zu können. Diese Erkenntnisse führten im Geschäftsbereich Unimog zum Paradigmenwechsel.

Der Wechsel war also voll im Gange, denn im Juni 2000 folgten die Baureihe 405, UGN und ab 2002 die Baureihe 437.4. Das wiederum war eine sinnvolle Trennung zwischen dem hochspezialisierten Geräteträger, der auch mit dem Variopilot (Einmannbetrieb) ausgerüstet werden konnte, und dem hochgeländegängigen Unimog als Transportfahrzeug. Unternehmerisch war dies sehr wichtig, da innerhalb dieser beiden Baureihen bis zu 50 Prozent wertmäßige Gleichteile Verwendung fanden. Dieser neue Weg war für den Unimog-Bereich der Grundstock für eine zukunftsweisende Produktstrategie, begleitet von einer strategischen Neuausrichtung des Geschäftsbereiches Unimog mit insbesondere folgenden Maßnahmen: Reduzierung der Fertigungstiefe um 50 Prozent, Optimierung des Systems Unimog und Gerätepartner und der internen Geschäftsprozesse.

U 500 im Hochschwarzwald

Schwere Reihe Unimog

Das Urkonzept übernommen

Die Unimog-Generation »Schwere Baureihe Unimog-SBU« ist der Technikkonzeption des Ur-Unimog der 1950er- und 1960er-Jahre in vielen Punkten treu geblieben. Ein innovativer Unterschied ist, dass Motor und das weiter nach hinten und tiefer in den gekröpften Rahmen verschobene Getriebe nicht mehr eine verschraubte Einheit sind. Beide sind mit einer Gelenkwelle verbunden. Diese Idee in getrennter Bauweise brachte viele Vorteile (siehe Matrix). Bezüglich des Fahrerhausdesigns kam es zur engen Zusammenarbeit mit Designern aus der Konzernzentrale in Stuttgart. Deren Ideen und Vorgaben zum Mercedes-Erscheinungsbild wurden gemeinsam mit der Unimog-Fahrerhausgruppe und dem Unimog-Versuch umgesetzt. Dieses für damalige Verhältnisse sehr moderne und auch bis heute richtungsweisende, dreisitzige Fahrerhaus bekam 1977 den Bundes-Design-Preis für die »Gute Form«.

Der 1974 auf der DLG in Frankfurt vorgestellten »Schweren Baureihe Unimog« mit den Pilotfahrzeugen U 120 folgte im Herbst 1975 die Serienfertigung mit der Baureihe 425 und dem Typ U 1300. Ein Lkw-Diesel-Sechszylinder der Reihe OM 352 und 130 PS verleiht dem »Neuen« die gewünschten Kraftreserven. Hinzu kommt das neuentwickelte Kombinationsgetriebe UG 3/40. Dieses neugeborene Fahrzeug sollte fast 50 Jahre der Basis-Unimog für viele Folgegenerationen werden. Und er ist für damalige Zeiten der stärkste Ackerschlepper.

Bauteil	Konstruktion	Vorteil
Motor	weiter nach vorne	höhere Anordnung möglich
Motor und Fahrerhaus	Verlagerung Motor	Fahrerhaus mit ebenem Boden und Platz für zwei Beifahrer
Getriebe UG 3/40	Verbau nach hinten + unten	Bessere Gewichtsverteilung vo/hi 60/40 Prozent
Motor + Getriebe	Trennung von Motor + Getriebe	Schwerpunkt wurde optimiert
Motor + Getriebe	Dreipunkt-Lagerung	Reduzierung von Schwingungen, materialschonend
Motor + Getriebe	Schadensfall	jeweiliger separater Ausbau möglich
Kupplung	Schadensfall	ohne Demontage von Motor und Getriebe möglich
Motor + Getriebe + Kupplung	Schadensfall	kostengünstiger, da weniger Zeitanteil

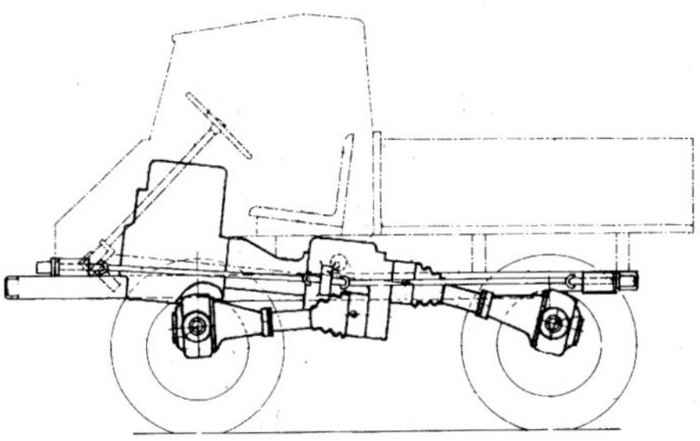

Ur-Unimog: Motor und Getriebe eine Einheit

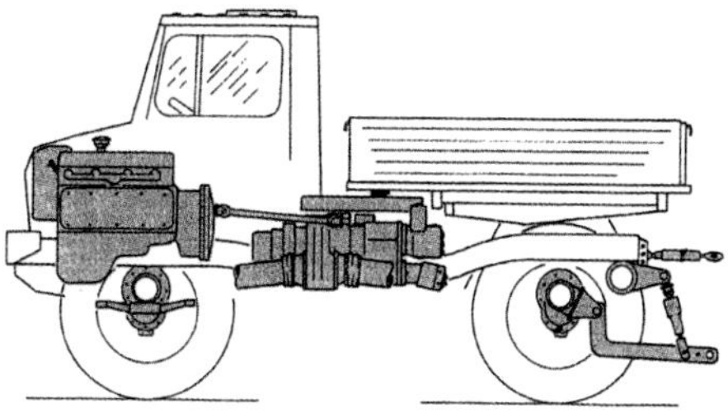

Schwere Baureihe: Motor und Getriebe getrennt

Die Macht des Marketings

Die Begrifflichkeit »Schwere Baureihe« stammt eher aus dem Bereich des Marketings. Das Wort »Schwer« ist nicht unbedingt glücklich gewählt, denn der »Neue« ist weder ein Schwerathlet noch ein Übergewichtler. Im Gegenteil, er ist schnell und wendig, kraftvoll, standfest und einfach im Handling. Er übersteht fast jede Geländevorgabe und er ist für extreme Zug- und Transportarbeiten wie geschaffen. Bestimmt würden man heute anstatt »Schwer« pfiffigere Verkaufsbegriffe wählen.

Bauteile aus dem Ur-Konzept optimiert

Rahmen: Der doppeltgekröpfte Rahmen (erstmals 1955 beim Unimog-S) bietet eine optimale Lagerung fürs abgesetzte Getriebe, Platz für das riesige Reserverad und verstärkte Rahmenanbaupunkte für Arbeitsgeräte.
Schubrohre: Vorder- und Hinterachse werden wie bisher über die beiden Schubrohre geführt. Zu den Gelenken in den Schubkugeln der Achsen und den beiden an den Achsschenkeln kamen noch die beiden Gelenkwellen zwischen Motor und Getriebe hinzu.
Federung: Das Fahrverhalten beziehungsweise der Fahrkomfort wurde durch neuberechnete Schraubenfedern positiv beeinflusst. Die meistens stark belastetete Hinterachse wurde zusätzlich mit einer progressiven Zusatzfeder ausgelegt.
Fahrerhaus: Das Design des Ganzstahl-Fahrerhauses ist grundlegend verändert. Das für drei Personen ausgelegte Fahrerhaus wurde auf drei Punkten elastisch bzw. geometrisch gelagert und somit ergonomisch vorbildlich ausgelegt. Hinzu kommt, dass das Fahrerhaus, wie schon seine Vorgänger, für Wartungs- und Reparaturzwecke hochgestellt werden kann.
Sicherheit im Fahrerhaus: Für eine optimale Sicherheit der Fahrzeuginsassen sorgte 1974 die Umsetzung, sowie für die Zulassung als land- und forstwirtschaftliche Zugmaschine, der OECD-Test in Groß-Umstadt bei Darmstadt. Schwerpunkt dieser Tests war der OECD-Pendelschlagtest mit 2.000 kg schweren Pendeln. Damit sollte ein Überschlag des Unimog simuliert werden. Siehe Skizze.

OECD-Pendelschlag- und Kabinendrucktest

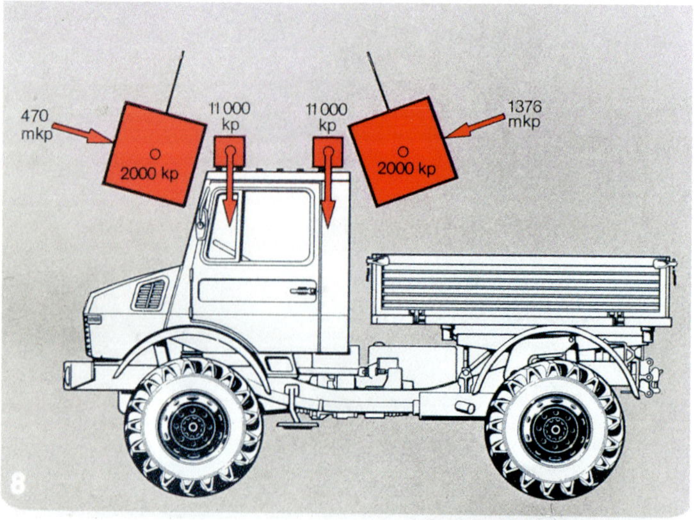

Produktionszeitschienen von SBU & Geräteträgern

Baureihe	Bauzeiten	PS-Klassen
425	1975–1988	120, 150
435	1975–1993	130 bis 168
436	1987–heute	130 bis 177
424	1976–1989	95 bis 150
427	1988–2003	102 bis 240
437.1	1988–2003	120 bis 240
405 UGN*	2000–2015	150 bis 279
437.4 UHN	2001–2014	156, 218
405/U 20*	2007–2015	150 bis 177
405 UGE*	2013–heute	156 bis 299
437.4 UHE	2014–heute	231, 299

*Typische Geräteträger

Rahmen der Schweren Baureihe Unimog

Der Rahmen beim Unimog hat eine ähnliche Funktion wie das Rückgrat beim Menschen. Auch beim gesunden Rückgrat ist eine »stabilisierende Kröpfung« wie bei einem Unimog-Rahmen auszumachen. In beiden Fällen sind Höchstbelastungen zu kompensieren beziehungsweise abzufedern. Nur den gefürchteten Bandscheibenvorfall kennen wir beim Unimog-Rahmen nicht, denn er hat mit den zusätzlichen Querträgern stützende Bauteile eingebaut, die eine Überlastung zu vermeiden helfen.

Der Rahmen der »Schweren Baureihe Unimog« ist charakterisiert durch die doppelte Kröpfung der Rahmenlängsträger. Das ist für die Lagerung des vom Motor abgekoppelten Getriebes von Vorteil. In den Bereich der Kröpfung wird unterhalb der Pritsche zusätzlich das Reserverad untergebracht. Der Rahmen erfährt bei Fahrbelastung im Bereich der vorderen Ausfederaufnahme die größten Verwindungen und Belastungen. Bei vielen Fahreinsätzen oder bei Verwendung von Anbaugeräten ist eine Verwindung des Rahmens unerwünscht. In Fahrzeugmitte, wo zusätzlich die Brems- und Beschleunigungskräfte eingeleitet werden, wird der Rahmen auch am stärksten auf Durchbiegung beansprucht. Diese Rahmenkonzeption wurde in ähnlicher Ausführung erstmals beim Unimog-S ab 1955 und erfolgreich auch beim Unimog 406 ab 1963 eingesetzt.

BR 437.4 UHN-Rahmen in der Vormontage (2001 in Gaggenau) mit Sicht auf Federbock und Stoßdämpferhalterung

Baureihe 425

Kurzhaube und 125 bis 150 PS

Mit der ab 1975 gebauten Baureihe 425 begann die Ära der Schweren Unimog-Baureihen-SBU, die bis heute das Bild vom Unimog prägen. Besonders das markante Kurzhaubenfahrerhaus, das bis heute verwendet wird, bestimmt das Erscheinungsbild. Aus der Baureihe 425 wurden mehrere Baureihen abgeleitet, die alle das gleiche Design bezüglich der Komponentenanordnung aufweisen.

Die Baureihe 425 wurde von 1975 bis 1988 gebaut, es entstanden 3.145 Fahrzeuge in drei Baumustern und mit dem U 120 ab 1974 einer Vorserie, darunter auch wieder eine Triebkopfvariante (T).

Während sich zu Beginn der Baureihe 425 die Schwere Baureihe Unimog mit drei Baumustern noch sehr übersichtlich und transparent darstellte, änderte sich das von Jahr zu Jahr. Dadurch wurde es für Interessierte und Kunden, die keine Unimog-Experten sind, schwierig, die Baureihen, Baumuster und Unimog-Typen auseinanderzuhalten. Es gibt Unimog-Typen, die unter verschiedenen Baureihen mehrfach auftauchen. So zum Beispiel der U 1000 und der U 1400. Siehe dazu die jeweilige Produktionsmatrix, die hier im Buch zur Übersichtlichkeit jeder Baureihe beigefügt wurde. Ein Hilfsmittel, das die Typen- und Baumuster-Zuordnungen erleichtern soll.

Typ	Bm	Bauzeit	PS	Stück
120		1974	120	10
1300	121	1975–82	125	1.063
1500*	141	1975–88	150	1.790
1500 T	131	1976–88	150	282

*Neupreis: 101.000 DM, T: Triebkopf

Links, Baureihe 425, Baumuster 425.141, Typ U 1500 mit 150 PS
Rechts, Prospekt von 1975 zur Baureihe 425

U 1300 und U 1500

Im September 1975, einen Monat nach dem Produktionsbeginn des U 1300 der Baureihe 425, folgte der U 1500 (BM 425.141) mit 150 PS. Er war der bis dahin leistungsstärkste jemals in Gaggenau gebaute Unimog. Beide unterschieden sich nur durch die Leistung und ihre Nutzlastwerte. In beiden Fahrzeugen kam der OM 352 A (130 und 150 PS) mit dem Abgasturbodiesel zum Einsatz.

Produktionsmatrix Baureihe 425

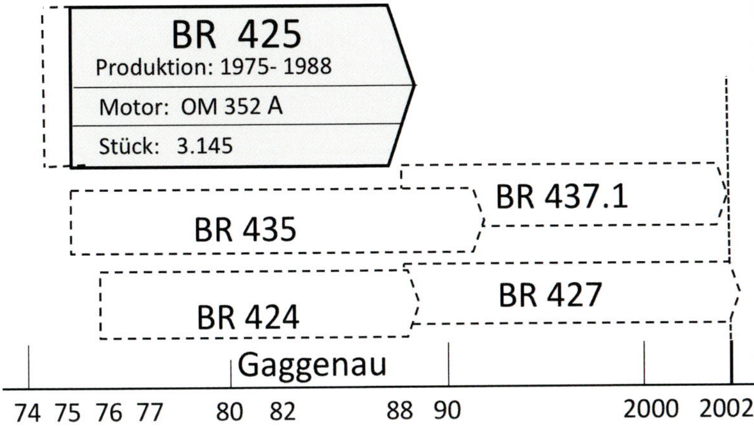

U 1500 T

Unimog 1300 im landwirtschaftlichen Einsatz

Baureihe 435

Baumuster 435.115 mit 21.775 Stück

Auf der Basis der Baureihe 425 basiert die Baureihe 435, deren Typen sich durch längere Radstände und höhere Motorleistungen unterscheiden. Gefertigt wurde die Baureihe von 1975 bis 1993, es entstanden insgesamt 30.726 Fahrzeuge in zehn Baumustern..

Erfolgreichstes Modell war der U 1300L, Baumuster 435.115, der in großen Stückzahlen an die Bundeswehr und Feuerwehren geliefert wurde. Ab 1976 wurde die Bundeswehr mit dem U 1300L beliefert. Die Baureihe 435 war auch Grundlage für diverse Sonderfahrzeuge anderer Hersteller, wie die Reihe TM (Bm 160, 161) von Thyssen. Weiterhin wurden auf der Basis 435 auch die Typen der Baureihe 436 entwickelt, die in der Türkei im Werk Aksaray in Lizenz für die türkische Armee gefertigt wird.

Das Ganzstahlfahrerhaus des U 1300L ist sehr geräumig und bietet Platz für drei Personen. Eine Vorgabe, die im Lastenheft der Bundeswehr wiederzufinden ist. Für Wartungs- und Reparaturarbeiten ist das Fahrerhaus hochklappbar. Eine weitere Variante ist die für sieben Personen ausgelegte Doppelkabine (Doka). Besonders bei Expeditionen und Forschungsfahrten ist diese Doka sehr beliebt. Hergestellt wurde die Doka bei der Firma Wackenhut in Nagold (Schwarzwald). Die Bandbreite der Motorenleistung des OM 352 A beim Baumuster 115 geht von 130 bis 168 PS.

Unimog 1300L mit Kofferaufbau, ehemals Bundeswehr

Produktionsmatrix Baureihe 435

U 1700 L

U-Typ	Bm	Bauzeit	PS	Stück
1300 L 1700 1700 L	115	1975–90 1993	120 136 156 168	21.775
1700 1700 L	111	1975–88	168	808
1700 1700 L	110	1979–88	168	1.161
1700 1700 L	111 120	1988–03 1988–04	136 156	2.364
1700 1700 L	100 110	1988–98 1988–98	170 170	203 2.000 Militär
1300 L37 1700 1700 L	117	1980–90	130 150 168	779
1700 L38	113	1980–89	150 168	5.898

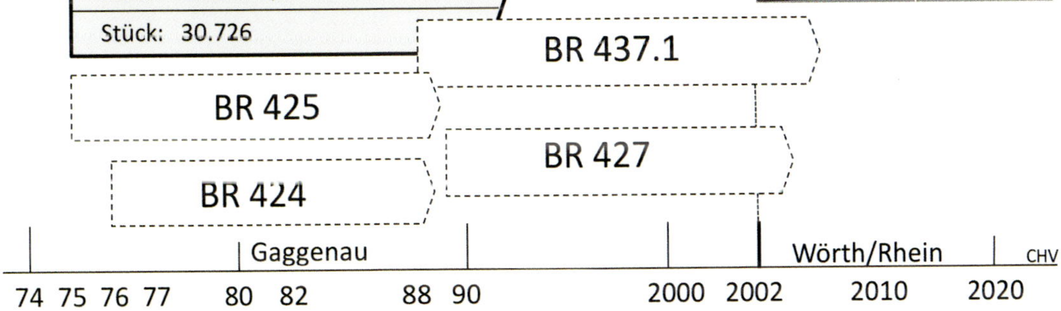

Im Jahr 1979 kam ein noch leistungsfähigeres Fahrzeug der Baureihe 435, der U 1700 (BM 435.110) mit 168 PS, auf den Markt. Er war eine äußerst begehrte Arbeits- und Zugmaschine, hatte 5 Tonnen Nutzlast und war für höchste Ansprüche vorgesehen

Unimog 1300L der Baureihe 435 im DLRG-Einsatz

Baureihe 424

Die abgespeckte Variante

Als leichtere Variante der schweren Baureihe 425 wurde die Baureihe 424 von 1976 bis 1989 produziert. Große Verbreitung fand sie als universell verwendbare kommunale Arbeitsmaschine. Im Bauzeitraum entstanden 11.233 Fahrzeuge der Baureihe 424, verteilt auf sechs Baumuster, darunter eine Triebkopfvariante. Die Anfangsvarianten 1976 wurden beim U 1000 mit dem Dieselmotor OM 352.962 und 95 PS ausgestattet. Zum unverwechselbaren Aussehen führten beim Baumuster 424.110 die beiden kantigen Höcker (Foto) an der Vorderseite der Motorhaube. Die Zielgruppe waren hier die Kommunen. Der U 1000 war später in vielen Gemeinden Bestandteil des Fuhrparks. Die Kommunen (50 %) und Landwirtschaft (30 %) waren die fleißigsten Abnehmer der 6.717 produzierten U 1000. Der Grundpreis des U 1000 lag 1976 bei knapp über 80.000 DM. Die meisten ausgelieferten Farben waren Lkw-Grün (DB 6277), Saftgrün (DB 6821) und gelborange (DB 2550). Der Unimog hat das Privileg, dass mit ihm in den Kommunen und den Straßenbaubehörden die von der Bundesanstalt BAU empfohlene gelb-orange Sicherheitsfarbe erstmals in Deutschland zum Einsatz kam.

Markante Höcker an der Frontseite des U 1000

BR 424: Eine starke Nummer im Gelände, mit dem Baumuster 424.121 und 125 PS

Produktionsmatrix Baureihe 424

U 1200

U-Typ	Bm	Bauzeit	PS	Stück
1000	121	1976–89	95 125	6.717
1000 T	131	1979–83	110	70
1200	122	1982–88	125 130	3.401
1200 T	132	1983–88	125	103
1250 L 1550 L	127	1985–88 1986–88	125 130 150	129
1250 1550*	126	1984–89 1986–89	125 150	813

*Neupreis: 106.000 DM

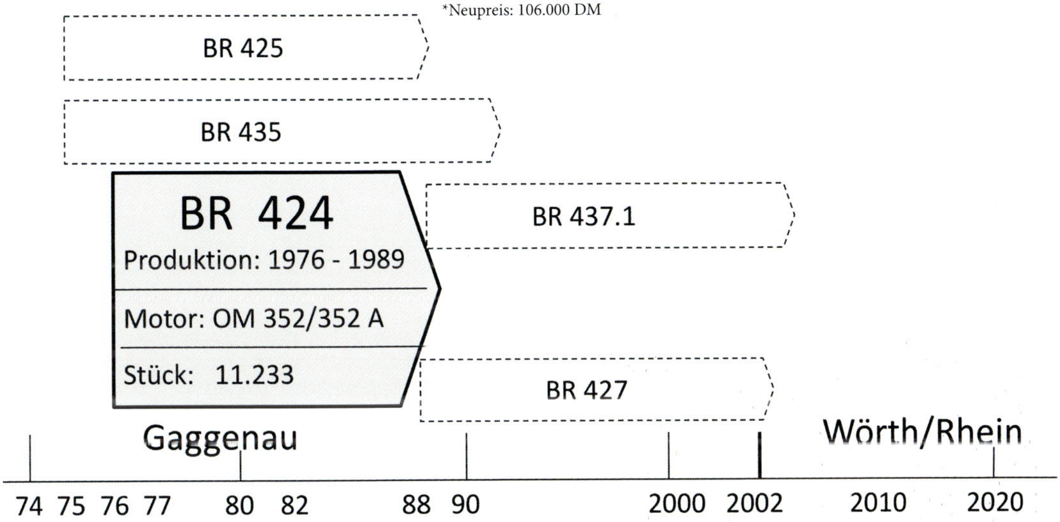

Die von 1976 bis 1989 gebaute Baureihe 424 brachte 11.233 Einheiten hervor. Mit einem U 1000 verließ 1977 der 200.000ste Unimog das Produktionsband in Gaggenau. Von der Baureihe 424 gab es sechs Baumuster mit acht Typen, bei einer Leistungsspanne von 95 PS bis 150 PS.

Baureihe 424: Unimog 1200, Baumuster 424.122 mit Lemken 4-Scharpflug beim Pflügen einer Ackerfläche bei Markt Indersdorf (Landkreis Dachau)

Baureihe 436

Unimog für die Türkei

Als Unimog-Produktionsstandorte außerhalb von Deutschland sind meistens nur Argentinien und Südafrika bekannt. Aber wie war es mit der Türkei?

Der Bau von Unimog in der Türkei ist vorwiegend mit dem Namen Mustafa Koluman verbunden. Koluman war nicht nur ein exzellenter Generalimporteur, sondern auch ein im In- und Ausland hochgeschätzter Industrie- und Vertriebsmanager. Den Unimog-S importierte Koluman ab 1966/67 mit großen Stückzahlen in die Türkei. Zwanzig Jahre später haben die Daimler AG und Mercedes-Benz Türk A. S. in der Südtürkei, zwischen Mittelmeer und Ankara, das Werk Aksaray eröffnet. Ab Oktober 1987 wurde auf Initiative von Koluman der Unimog 436 für den türkischen Inlandsmarkt dort hergestellt. Die Baureihe 437.4 befindet sich noch in der Produktion, bis Ende 2012 entstanden 8.659 Fahrzeuge, verteilt auf 15 Baumuster. Per CKD-Montagelinien sind an Ort und Stelle die in Deutschland zerlegten Unimog zusammengebaut worden. Die Besonderheit beim türkischen U 1300L war das Klappverdeck (ohne Überrollbügel) für eine kleinere Stückzahl. Die Serie bekam das Ganzstahlfahrerhaus. Bis zum Programmwechsel, in 2007 zum U 4000 der Baureihe 437.4, wurden 7.000 Unimog der BR 436 gebaut. Was viele nicht unbedingt erwartet hatten, ist das hohe Qualitätsergebnis in der Türkei, das mit dem Mutterland des Unimog mithalten kann. Seit 2008 produziert Aksaray für Wörth/Rhein auch den Spezial-Unimog-Rahmen für den UHN und UHE.

Baureihe 436 (U 1300L) als Cabrio, gebaut in der Türkei

Produktionsmatrix Baureihe 436

Baureihe 436, Baumuster 436.320, Typ 1300 L

U-Typ	Bm	PS	Rad-stand	Stück
1300 L	436.320*	130	3,25 m	188
1300 L	436.321	130	3,25 m	1.577
1300 L	436.325*	150	3,25 m	133
1300 L	436.326	150	3,25 m	5.112
U 4000*	436.330	150 177	3,25 m	1.447
1700 L 38	436.340 436.341 436.342 436.343	170 170 170 170	3,85 m 3,85 m 3,85 m 3,85 m	202

Summe: 15 Baumuster, Bm 111, 313, 315, 327, 328, 335 hier nicht aufgeführt, * Fahrerhaus offen (Cabrio), ** BR 437.4 (UHN)

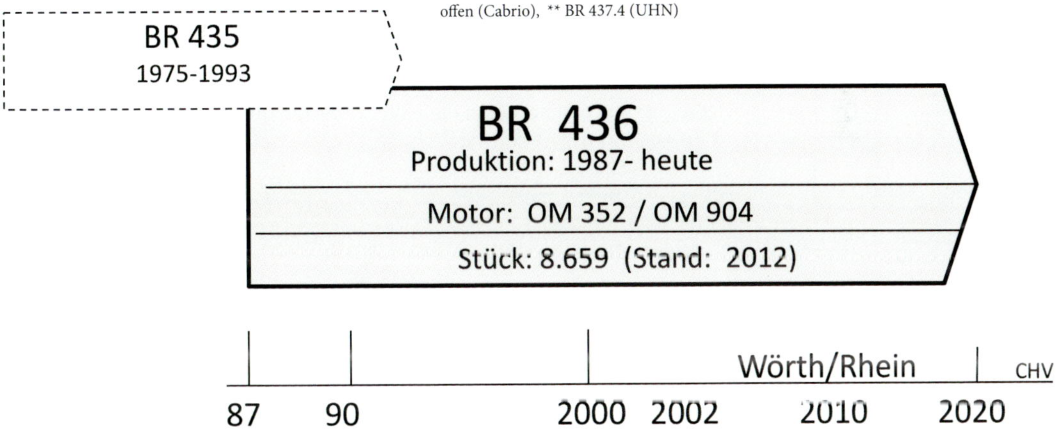

Eine Besonderheit ist, dass die Baumuster/Typen der Baureihe 436 auf mehreren Baureihen basieren, und zwar den Baureihen 435, 437.1 und 437.4. Das erfolgreichste Baumuster unter der Baureihe 436 ist der 436.326 mit 5.112 Fahrzeugen, gefolgt vom 1300 L und dem Baumuster 436.321 mit 1.577 Unimog.

Ein Cabrio aus der Türkei. Baumuster 436.320

Baureihe 427

Unimog für die Türkei

Basierend auf der Baureihe 424 ersetzte die Baureihe 427 ab 1988 ihre Vorgänger-Baureihe. Äußerlich fast unverändert, wurde die Baureihe technisch modernisiert und mit der neuen Motorengeneration der Baureihe OM 366 ausgerüstet, die den Motorentyp OM 352 im Unimog ersetzte. Die Leistungsbandbreite liegt bei 125 bis 240 PS. Bis 2003 wurden von der Baureihe 427 16.401 Fahrzeuge in 13 Baumustern produziert. Ein Drittel aller produzierten Fahrzeuge dieser Baureihe entfielen auf den Spitzenreiter U 1400, vom Baumuster 427.102, mit 5.336 Stück. Ob als Funmog für japanische Kunden oder im kommunalen Bereich: für viele Kunden ist dieser U 1400 mit 136 bzw. 156 PS und einer Endgeschwindigkeit von 90 km/h der beste Unimog seit dem Erscheinen des U 406 im Jahre 1963. Mit der Baureihe 427 war das Mercedes-Benz-Werk Gaggenau für die 1990er-Jahre bestens gerüstet. Die Kommunen, einer der Hauptkunden, forderten aufgrund bestehender Immissionsschutzgesetze (BImSchG) im innerörtlichen Einsatz um bis zu 5 dB(A) leisere Fahrzeuge. Einer der Hauptgründe, ein Geräuschreduzierungsprogramm aufzulegen. Dabei wurde die Nenndrehzahl des OM 366 auf 2.400 U/min im maximalen Leistungsbereich abgesenkt, was alleine schon eine Verbesserung des Schalldruckpegels am Ohr von 3–4 dB(A) bewirkte.

Baureihe 427, Typ U 1400

Produktionsmatrix Baureihe 427

U 1450

Liste nicht vollständig, da 13 Baumuster (BM); * Neupreis: 116.000 DM

U-Typ	Bm	Bauzeit	PS	Stück
1000	100	1988–93	102, 125	703
1200	101	1988–94	125	2.063
1400	102	1988–2002	136, 156 163, 170	5.336
1450*	112	1988–2002	136, 156, 163, 170	1.545
1400 T 1200 T	000	1988–2001	136 125	176
1600	105	1988–2002	125, 136, 156, 170	2.274
1250	110	1988–94	125, 136	735
1650	115	1988–2002	125, 136, 156, 170	1.623
1650 L (214)	118	1992–2000	180, 211, 214, 240	57

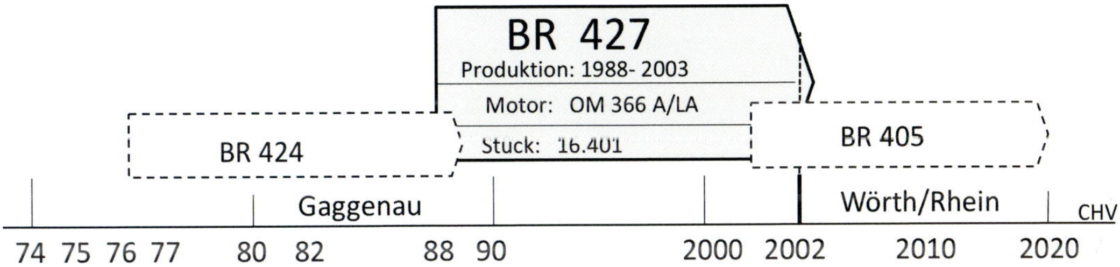

Die BR 427 hat eine der größten Baumustervarianten im Leistungsbereich von 102 bis 240 PS. Die Unimog-Typen 1200 T und 1400 T wurden als Triebköpfe angeboten – eine Fahrzeugvariante, die meistens durch die Firmen Ruthmann GmbH (Gescher-Hochmoor) und Fassbender-Siepmann (Neuß) umgerüstet wurden und für zielgerichtete Aufgaben in der Wirtschaft oder in der Industrie zum Einsatz kam. Eine Triebkopfvariante beim U 1400 T war gegenüber der Standardausgabe U 1400 um 8.000 DM teurer.

Baureihe 427, Baumuster 427.112, Typ 1450 bei Testfahrten auf dem Gaggenauer »Sauberg«

Baureihe 437.1

Die Topbaureihe zwischen 1988 und 2003

Vierzig Jahre nachdem 1948 mit den Prototypen U5 und U6 die ersten Probefahrten gemacht wurden, wurde im Mai 1988 die Topmodellreihe 437.1 vorgestellt. Die ersten Fahrzeuge dieser Baureihe waren die Unimog-Typen U 1350 L, U 1550 L, U 1750 L 38 und U 1700. Analog zur leichteren Baureihe 424/427 ersetzte die Baureihe 437.1 ihre Vorgänger-baureihen 425 und 435. Das Erscheinungsbild blieb fast unverändert, die Technik wurde modernisiert und ebenfalls die Motorenbaureihe OM 366 A eingeführt. Zum Einsatz kam getriebeseitig erstmals das neu entwickelt UG 3/65.

Mit der Baureihe 437.1 stieß der Unimog in neue Leistungsklassen vor, erstmals wurde die 200-PS-Marke überschritten. Die Baureihe umfasst 28 Baumuster, damit ist sie die bislang umfangreichste Unimog-Baureihe. Neben Triebkopfvarianten gibt es auch Schwerlastgeräteträger und erstmals serienmäßig ein dreiachsiges Fahrgestell. Die Baureihe 437.1 blieb bis 2003 in Produktion, es entstanden 10.718 Fahrzeuge. Ab 1994 beschaffte die belgische Armee im Rahmen einer Umstrukturierung und Modernisierung ihres Fuhrparks Unimog in großen Stückzahlen. Darunter waren die Baumuster 437.111 und 437.120 mit den unterschiedlichsten Aufbauten. Dieser Großauftrag, in Verbindung mit der Realisierung des Geschäftsbesorgungsplans, hat bei der weiteren Entwicklung im Produktbereich Unimog sehr geholfen. Danach kam das Lernfeld UX 100 in einem zukünftigen Geschäftsprozess, um neue Strukturen erproben zu können.

Baureihe 437.1, Typ U 2450L 6x6, Baumuster 437.156, 240 PS

Produktionsmatrix Baureihe 437.1

U 2100 mit 211 PS

U-Typ	Bm	Bauzeit	PS	Stück
1700 1350	100 110	1988–94 1988–94	170 136/170	303 Militär Irak
2100 2400	105	1989–2002	211, 214, 240	803
1350 L 1550 L	111* 120	1988–2003 1988–2004	136 156	2.364, davon ab 1994 1.752 Belgien
2150 L 2450 L	117	1989–2002	211, 214 240	740
1550 L 37	120	1988–2002	136, 156 Euro 1 + 2	1.468
1550 L 37 (214)	125	1989–2002	179, 211, 214	566
1750 L 38	131	1988–94	170	481
2150 L 2450 L*	136	1989–2002	211, 214 240	1.879
2450 L 6x6	156	1995–2002	240	214
2400 TG	182	1993–2000	240	180

Von 28 Baumustern sind nur diejenigen mit mehr als 300 Stück (außer Bm 156 und 182) aufgeführt.

* Neupreis: 144.000 DM

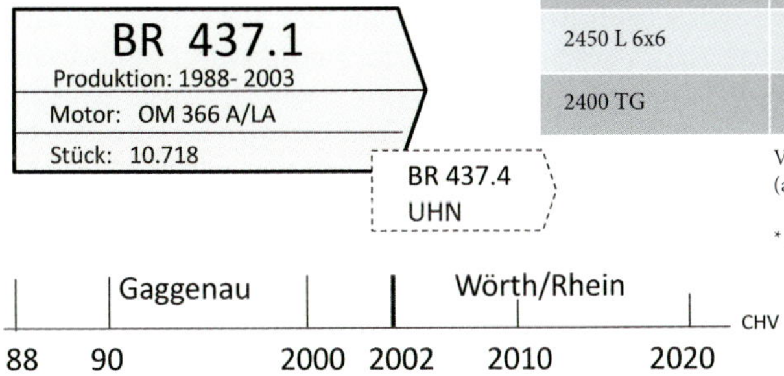

Die Baureihe 437.1 diente auch als Basis für die Baureihe 436, die in der Türkei in Lizenz gefertigt wird. Ebenfalls ist sie Basisfahrgestell für Sonderfahrzeuge anderer Hersteller, wie anfangs beim geschützten Dingo 1 von KMW.

Baureihe 437.1: Baumuster 437.136 Typ U 2150 L mit 214 PS. Produktion in Gaggenau

Baureihe 405 UGN

Marktanforderungen bestimmten das Lastenheft

Mit der Baureihe 405/UGN kam der Produktbereich Unimog in Gaggenau den damaligen Vorstellungen der Gerätehersteller sehr nahe. Dies war letztendlich das Ergebnis veränderter Marktanforderungen, was wiederum direkt auf das Lastenheft der Baureihe 405 Einfluss hatte.

Die Geschichte des UGN (Unimog-Geräteträger-Neu) begann bereits sechs Jahre vor dem Produktionsstart in Gaggenau.

Bereits 1994 kam es in Gaggenau, zum späteren UGN-Projekt, zu internen Marktanalysen. Die Diskussionen der Führungskräfte drehten sich primär um einen neuen Unimog-Geräteträger mit reduzierter Geländegängigkeit und einem Frontlenker-Fahrerhaus ähnlich dem UX 100. Im Jahre 1996 wurde zwischen der Unimog-Geschäftsleitung und dem Betriebsrat eine Standortsicherungsstufe mit Gaggenau als Produktionsstandort sowie eine Entwicklungs- und Produktionsfreigabe von UGN-Prototypen vereinbart. Das war das Startzeichen für die Baureihe 405. Im März 2000 wurde der UGN vorgestellt und kurz darauf lief die Produktion an.

Für den Einsatz von Arbeitsgeräten beim U 405 zum Beispiel in der Bau- oder Energiewirtschaft bietet dieser Unimog vier Anbau- und Aufbauräume mit integrierten Schnittstellen (vorne, hinten, in der Mitte bzw. auf der Pritsche und unten zwischen den Achsen). Zusätzlich können die U 405 auf Wunsch mit einer genormten und höhenverstellbaren Frontanbauplatte ausgestattet werden, die den An- und Abbau zahlreicher Geräte in kurzer Zeit ermöglicht. Für Antrieb und Steuerung von Gerätekombinationen steht ebenfalls eine 1- oder 2-Kreis-Arbeitshydraulik mit Joystick-Handhabung zur Verfügung.

Baureihe 405: So sieht ein »Unimog-Geräteträger-Nachfolger« UGN im Einsatz aus.

Produktionsmatrix Baureihe 405 UGN

U 500 UGN

U-Typ	Bm	Bauzeit	PS	Radstand
290 300	101 101	2006–14	150, 156 177	2.800 mm 3.080 mm
U 300	100	2000–06	150, 177, 231	3.080 mm
U 300	120	2000–06	150, 177, 231	3.060 mm
U 400	102	2000–15	177, 231, 279	3.080 mm
U 400	122	2001–14	170, 177, 231, 279	3.600 mm
U 500	200	2001–07	231, 279	3.350 mm
U 500*	220	2001–06	231, 279	3.900 mm

Liste nicht vollständig, da 14 Baumuster (Bm), UGN-Konzept ist ohne Schubrohre, als SA ist eine Wechsellenkung »VarioPilot« möglich
*Neupreis: 99.000 €

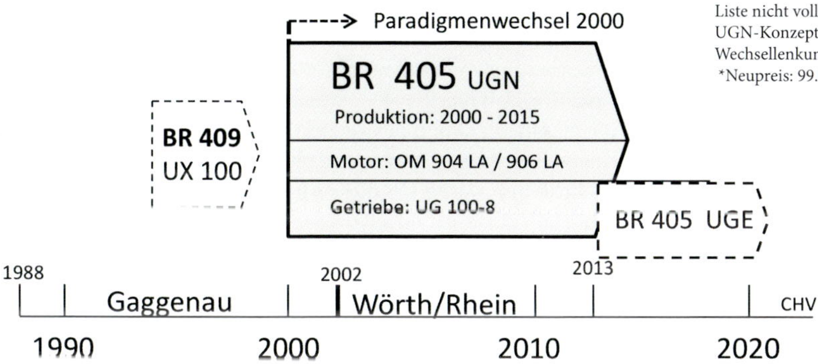

Der U 500, als Premiumfahrzeug in der UGN-Reihe, wurde mit dem bärenstarken OM 906 LA Motor mit 6.374 ccm und einer Leistung von 231 PS (170 kW) beziehungsweise mit 279 PS (205 kW) ausgelegt. Entsprechend der Einsatzbandbreite beim Kunden ist das neu entwickelte Unimog-Getriebe UG 100/8 mit acht Gängen, das über das von den Mercedes-Lkw bewährte elektro-pneumatische Telligent-Antriebsmanagement verfügt, mit Tempomat, EPS und EAS ausgestattet. Zusätzlich ist er mit Kriechgang- und Arbeitsgängen, Drehmomentwandler und mit einem hydropneumatischen Fahrantrieb für stufenlose Geschwindigkeitsregulierungen von 0 bis 25 km/h ausgerüstet.

Baureihe 405/UGN, Typ U 400 im Größenvergleich mit einem Unimog 2010 von 1952

Baureihe 437.4 UHN

UHN: Basis-Unimog für weitere Folgegenerationen

Das Jahr 2002 stand in Unimog-Kreisen unter dem Zeichen des Standortwechsels vom Mercedes-Benz-Traditionswerk Gaggenau in das hochmoderne Lkw-Werk im 40 Kilometer entfernten rheinland-pfälzischen Wörth/Rhein. Im Herbst desselben Jahres wurde auf der IAA in Hannover der neu entwickelte und hochgeländegängige Unimog UHN (Unimog-Hochgeländegängig-Neu) der Baureihe 437.4 vorgestellt. Die Unimog-Typen waren damals der U 3000, U 4000 und U 5000. Der eigentliche Produktionsbeginn dieser Baureihe, bis zum Umzug nach Wörth, fand bereits 2001 in Gaggenau statt.

Mit dem neu entwickelten Unimog-Programm startete Mercedes-Benz eine klar definierte Fahrzeugoffensive. Der Paradigmenwechsel in der Produktstrategie war nun ab 2002 mit dieser Baureihe auf dem Schirm aller im Unimog-Management tätigen Führungskräfte und Mitarbeiter, sowie auch draußen bei den Geräteherstellern. Dies war damals eine sinnvolle Trennung zwischen dem hochspezialisierten Geräteträger UGN (Baureihe 405), der auch mit dem Vario-Pilot (Einmannbetrieb) ausgerüstet werden konnte. Die Unimog-Ingenieure bauten die Baureihe 437.4 als vorprogrammierte Ergänzung zu den Anfang 2000 vorgestellten U 300, U 400 und U 500 der UGN-Baureihe 405. Mit dieser Geräteträger-Baureihe wurde der sogenannte Paradigmenwechsel im Juni 2000 in die Gänge gebracht. Die neue Baureihe 437.4 ersetzte ab 2001 die Baureihen 427 und 437.1. Die Zielgruppen waren für diesen hochgeländegängigen Unimog und dieses schnelle Transportfahrzeug: Feuerwehren, Katastrophenschutz und das Transportwesen. Nach 20 Jahren weiß man, dass dieser Unimog ein Basis-Fahrzeug für weitere Folgegenerationen ist.

Baureihe 437.4: Typ U 4000, noch auf dem Gaggenauer Fabrikgelände (2001), kurz vor der Endkontrolle

Produktionsmatrix Baureihe 437.4 UHN***

U 5000 mit 218 PS

U-Typ	Bm***	Bauzeit	PS	Details
U 3000	420 421	2001–14	156	
U 4000	425 426	2001–14	218	Radstand 3.850 mm
U 5000**	430 431	2001–14	218	
U 5000	435 436	2001–14	218	Radstand 3.850 mm
U 5000	460 461	2001–14	218	Fahrgestell Dingo 2 KMW
U 5000	465 466	2001–14	218	Fahrgestell Dingo 2 KMW

Liste nicht vollständig, da 14 Baumuster (Bm),
*UHN wird auf Kundenwunsch weitergebaut ,
** Neupreis: 102.000 €,
*** UHN: Unimog-Hochgeländegängig-Neu

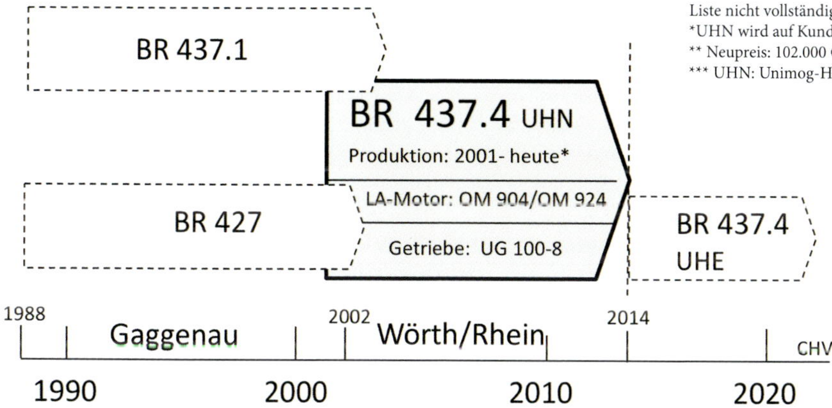

Die Haupteinsatzgebiete der BR 437.4 finden sich bei den Feuerwehren mit den Schwerpunkten auf Waldbrandbekämpfung, Hochwassereinsatz, als Basisfahrgestell für Expeditionsfahrzeuge, beim Militär, internationalen Friedenseinsätzen und als Transportfahrzeuge an schwer zugänglichen Orten.

Baureihe 437.4 UHN: vorne Typ U 5000-Bus beim Einsatz am Ätna/Sizilien, dahinter ein U 2450 L der Baureihe 437.1

Baureihe 405/U 20

Der U 20 mit Technik vom U 300

Der U 20 wurde erstmals auf der Nfz-IAA im Jahre 2006 präsentiert. Ende 2007 begann im Mercedes-Lkw-Werk in Wörth/Rhein die Produktion.

Das gefederte Frontlenker-Fahrerhaus ist kompakt und standardmäßig sehr komfortabel. Vieles am U 20 erinnert an einen kleinen Lkw. Der Einstieg ist vor der Vorderachse und der Innenraum bietet viel Kopf- und Bewegungsfreiheit. Auf der Mittelkonsole finden sich sämtliche Bedienelemente und die Anbaugeräte hat der Fahrer immer im Blickfeld. Das komplette Accelo-Fahrerhaus kommt aus dem Schwesterwerk in Brasilien. Es wurde bereits in Brasilien ausgebaut, lackiert und per Container nach Deutschland verschifft. Der kraftvolle und verbrauchsgünstige Diesel OM 904 A mit 150 PS erfüllt durch die Mercedes-Benz Blue-Tec-Technologie, bezüglich Emissionen, alle EU-Normen. Das synchronisierte, elektropneumatische Schaltgetriebe aus der Gaggenauer Produktion hat wahlweise bis zu 16 Vorwärts- und 14 Rückwärtsgänge. Frontzapfwelle und Nebenabtrieb erlauben den Anbau von Gerätschaften in drei Anbauräumen über definierte Anbaupunkte. Spätestens dem Fachmann fällt auf, dass viele Komponenten des U 20 (Baumuster 405.050) vom U 300, der UGN-Baureihe 405, stammen. So zum Beispiel der modifizierte Rahmen (kleinerer Querschnitt) und die Achsen. Im Jahre 2015 wurde die U 20-Produktion eingestellt.

Baureihe 405: Baumuster 405.050, Typ U 20 im Winterbetrieb

Produktionsmatrix Baureihe 405/U20

U 20

U-Typ	Bm	Bauzeit	PS (Vari-anten)	Radstand
U 20	050	2007–15	150, 156, 177*	2.700 mm

Neupreis: 65.000 Euro
* 177 PS beim Swiss Line High End TLF 1600, für die Feuerwehr im Kanton Tessin

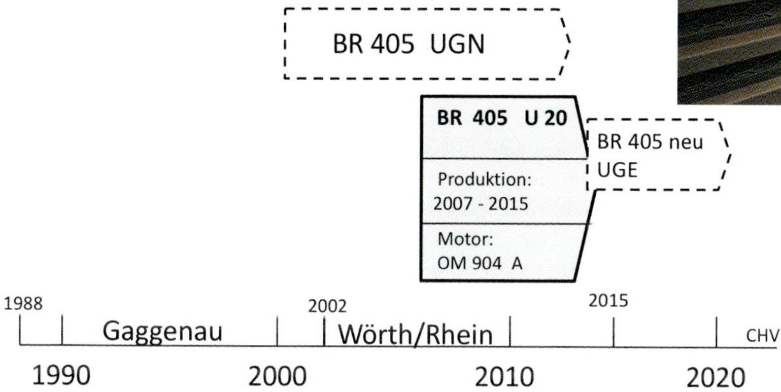

Auf einen Blick: Kompakter, kommunaler Unimog-Geräteträger • Fahrzeugart: Zugmaschine/Lkw • Fahrzeugbreite 2150 mm • Radstand: 2.700 mm • gerade durchgehender, formstabiler Leiterrahmen • Frontlenker-Fahrerhaus mit tiefer Brüstung • drei Anbauräume • integrierte, mechanische und hydraulische Geräteantriebe • permanenter Allradantrieb, Differenzialsperren zuschaltbar • bei Feuerwehren wahlweise mit bis zu 177 PS

U 20 in Diensten einer Schweizer Feuerwehr

Baureihe 405 UGE

Die neu entwickelte Geräteträgergeneration

Im Fokus des neuen Geräteträgers (UGE = Unimog-Geräteträger-Euro 6/Evolution) stehen die Erfüllung aktueller Abgasnormen sowie verbesserte Technik und Wirtschaftlichkeit im Ganzjahreseinsatz. Im Frühjahr 2013 wurde im Mercedes-Benz-Werk in Wörth am Rhein die neu entwickelte Geräteträgergeneration der Baureihe 405 vorgestellt. Die ursprüngliche Baureihe 405 ab dem Jahr 2000 umfasste die Typen U 290, U 300, U 400, U 500 und den U 20. Die neue Generation erhielt ein optimiertes Fahrerhaus mit sehr guten Sichtverhältnissen sowie einen neu gestalteten Kühlergrill, ähnlich dem UHE. Ebenso wurden der Triebstrang und die Hydraulikanlage grundlegend verbessert. Die dreistellige Typenbezeichnung, wie zum Beispiel U 218, U 323 oder U 430, ergibt sich aus der Größenklasse als erste Ziffer U 2, U 3, U 4, während die zweite und dritte Ziffer, multipliziert mit zehn, die gerundete Leistungsangabe in PS angibt. Das Herzstück der neuen Generation sind modernste Dieselmotoren, die den je nach Einsatzzweck und Nutzerland derzeit gültigen Abgasnormen Euro 5, Euro 6 und Tier 4F entsprechen. Die Fertigung der Vorgängertypen UGN und U 20 endete 2015, nachdem sie insbesondere für Exportmärkte weiter parallel zu den Neutypen gebaut wurden. Diese neue Unimog-Generation wurde in der Gesamtheit deutlich wendiger und kompakter. Der kurze Radstand von 2.800 mm bei den Typen U 216 und U 218 und 3.000 mm beim U 318 ist für diese Klasse Zweiwege-Unimog U 423 mit 231 PS etwas ungewöhnlich und fällt deshalb stark ins Auge. Die komplett überarbeitete Fahrgastzelle bietet eine verstellbare Lenksäule auf, die dem Fahrer eine ergonomisch gesunde Sitzhaltung anbietet. Schnelleres und sicheres Handling schafft das Multifunktionslenkrad, ganz im Stile eines modernen Personenkraftwagens. Alle Funktionen der Bedieneinheiten lassen sich bequem steuern. Selbst das Bordtelefon ist da inbegriffen. Der bequeme Durchstieg vom Fahrer- zum Beifahrersitz ist dann wichtig, wenn das Fahrzeug beim Einsatz von rechtsarbeitenden Gerätschaften mit der bekannten Wechsellenkung (VarioPilot) ausgestattet ist. Das zulässige Gesamtgewicht beim UGE beträgt je nach Typ 7,5 t bis 16 t. Fazit: Der UGE besticht durch modernste Nutzfahrzeug-Technologie und herausragende System- und Geräteträgerkompetenz.

Der UGE in Diensten der Straßenmeisterei mit Vollausstattung

Produktionsmatrix Baureihe 405 UGE

U 530 mit 299 PS

U-Typ	Bm	PS	Radstand
216, 218	090	156, 177	2.800 mm
318	104	177	3.000 mm
323 323 Lang	105 125	231 231	3.000 mm 3.600 mm
423 423 Lang	105 125	231 231	3.000 mm 3.600 mm
427, 429, 430	110	272, 286, 299	3.150 mm
427, 429, 430 (Lang)	125	272, 286, 299	3.600 mm
527, 529, 530	202	272, 286, 299	3.350 mm
527, 529, 530 (Lang)	222	272, 286, 299	3.900 mm

Alle UGE mit Euro 6

U 423 Zweiwege-Unimog mit 231 PS

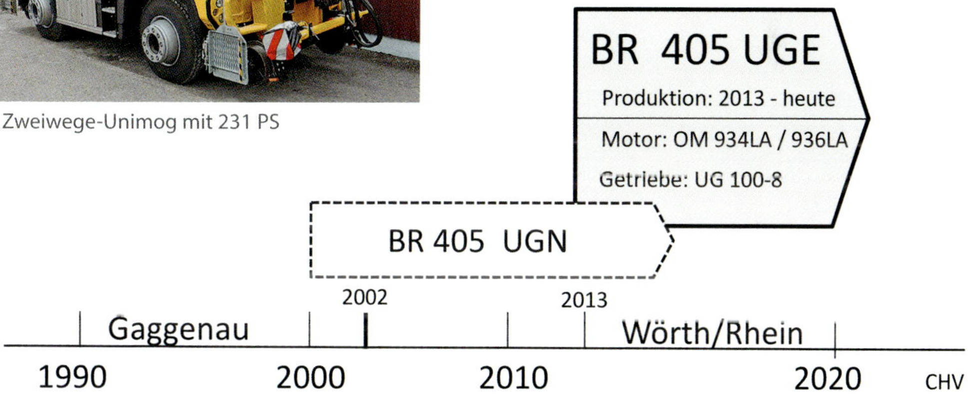

Der Unimog-Geräteträger UGE setzt bei Produktivität, Effizienz und Umweltfreundlichkeit gleichermaßen Maßstäbe. Er vereint modernste Nutzfahrzeug-Technologie und herausragende System- und Geräteträgerkompetenz zu einem gelungenen Gesamtkonzept.

UGE als Zugmaschine: Typ U 530 mit einem U 411 auf dem Tiefladeanhänger

Baureihe 437.4 UHE

Das Spitzenmodell U 5030 hat 299 PS

Die ursprüngliche Baureihe 437.4 umfasste ab 2002 die Typen Unimog U 3000, U 4000 und U 5000. 2013 wurde daraus die weiterentwickelte Baureihe 437.4 vorgestellt, intern auch als UHE bezeichnet. Die Serienfertigung begann im Jahr 2014. Sie wurde auf Basis der Ursprungstypen komplett überarbeitet und umfasst derzeit die Typen U 4023 und U 5023. Die neu entwickelten Fahrzeuge entsprechen der aktuellen Abgasnorm, entsprechend Euro 6. Äußerlich fällt das neue Design des Kühlergrills auf. Grundlegende Änderungen betreffen die Technik, so wurde der Motor Richtung Fahrzeugmitte verlegt. Weitere Verbesserungen betrafen den Triebstrang, die leistungsfähigere druckluftbetätigte Scheibenbremsanlage sowie das im Hinblick auf Komfort und Ergonomie komplett überarbeitete Fahrerhausinnere. Der Radstand beträgt 3.850 mm. Umfangreiche Sonderausstattungen, wie beispielsweise eine Reifendruckregelanlage, sind auf Kundenwunsch lieferbar. Das inzwischen historische Unimog-Konzept mit Portalachsen, zuschaltbarem Allantrieb und Differenzialsperren, Schraubenfedern und vier gleich großen Rädern sowie einem verwindungsfähigen Rahmen blieb auch in dieser jüngsten Unimog-Generation erhalten.

In Kleinserie fertigt die Firma Hellgeth den Typ U 5030 mit Sechszylindermotor und einer Leistung von 299 PS. Die Fertigungen der UHN-Vorgänger-Typen U 4000 und U 5000 werden für Exportzwecke weiter gefertigt. Sie entsprechen je nach Ausführung den Abgasnormen Euro 4 und Euro 5.

Baureihe 437.4 /UHE in Reih und Glied. Auffallend das neue Design des Kühlergrills

Produktionsmatrix Baureihe 437.4 UHE

In Diensten der Feuerwehr, U 5023 mit 231 PS

Typ	Bm	Bauzeit	PS	Anmerkung
4023	437.427	ab 2014	231	3.850 mm
4023	Doppelkabine		231	3.850 mm
5023	437.437	ab 2014	231	3.850 mm
5023	Doppelkabine		231	3.850 mm
5030		ab 2016	299	Kleinserie Fa. Hellgeth

* UHN wird auf Kundenwunsch weiterhin gebaut
UHE : Unimog-Hochgeländegängig-Euro 6 / Evolution

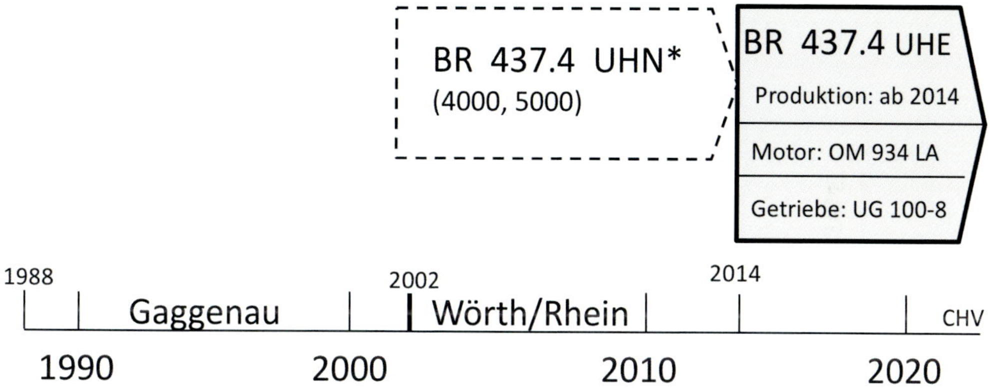

Das neue Unimog-Modell UHE der Baureihe 437.4 ist bei der Daimler AG seit 2014, im Bereich hochgeländegängiger Unimog, ein regelrechtes Premiumfahrzeug. Damit scheint die AG für das 21. Jahrhundert bestens aufgestellt zu sein. Mit der Mercedes-Benz BlueEFFICIENCY Power-Technologie ist man vorbildlich, bezüglich Erfüllung der höchsten Abgasnorm, unterwegs. Diese Baureihe ist, in Abhängigkeit von Kundenanforderungen, mit den Abgasnormen EURO 3 und 5 sowie für EURO 6 lieferbar. Die Fahrzeuge sind heute in ihrer Klasse kompromisslos auf Umweltschonung, Wirtschaftlichkeit und Performance ausgelegt.

Baureihe 437.4 UHE, Typ U 5023 mit kurzer Pritsche in Militärausführung

Sonderfahrzeug DINGO 2

KMW setzt auf Unimog-Fahrgestelle

Der DINGO ist ein gepanzertes (geschütztes) und bewaffnetes, luftverladbares 4x4-Radfahrzeug für Patrouillen- und Spähfahrten, das unter anderem von der Bundeswehr und anderen europäischen Streitkräften wie Belgien, Tschechische Republik, Norwegen, Luxemburg und Österreich eingesetzt wird. In Option auch bei der Polizei und beim Grenzschutz. Die DINGO-Fahrzeugfamilie ist nach dem australischen Steppenhund Dingo benannt und umfasst knapp 20 Fahrzeugvarianten. Hersteller ist Krauss-Maffei-Wegmann »KMW« aus München. Aus einer langjährigen Zusammenarbeit mit der Bundeswehr und mit der NATO hat KMW gemeinsam mit Rheinmetall und Mercedes-Benz ein Führungsfahrzeug entwickelt, das in seinem Handling einem SUV gleicht und den vielfältigen Einsatzaufgaben einer modernen Armee auf ideale Weise gerecht wird. Viele Eigenschaften und Details machen die besondere Attraktivität dieses universellen Fahrzeuges aus: So garantiert ein kleiner Wendekreis in Verbindung mit einem extrem starken Motor eine hohe Geländetauglichkeit in unwegsamem Gelände. Die selbsttragende Sicherheitszelle aus Panzerstahl und die Verbundpanzerung erhöhen die Sicherheit der Besatzung auf ein Optimum. Dazu kommt die Einsatzmöglichkeit auf schwierigstem Terrain, das durch einen Hochleistungs-Antriebsstrang in der Unimog-Grundkonzeption, wie den Portalachsen, sichergestellt wird. Hinzu kommt eine Steigfähigkeit von bis zu 80 Prozent. Das hohe Sicherheitskonzept des DINGO 2 beruht neben erstklassigen Personenschutzeigenschaften – dazu zählt die neuartige Sitzaufhängung – auf Ideen aus der Raumfahrt. Es garantiert beim Überfahren von Minen einen fast hundertprozentigen Personenschutz. Unterstützt wird das DINGO-Konzept durch die Mobilitätseigenschaften auf seinem variablen Ausrüstungskonzept.

Drei Typenreihen

Die DINGO-Fahrzeugfamilie umfasst drei Typenreihen. Der DINGO 1 (Fahrgestell von der Baureihe 437.1) ist von den Fahrzeugabmessungen her der kleinere Typ und optimal als wendiges Verbindungsfahrzeug einsetzbar. Es ist zusätzlich eine spezielle Patrouillen-Version im Einsatz, die für den Transport im CH53-Transporthubschrauber geeignet ist. Der DINGO 2 (Fahrgestell von der Baureihe 437.4, UHN) zeichnet sich vor allem durch höheren Schutz und höhere Zuladung aus. Die Fahrzeugfamilie basiert auf einheitlichen Konstruktionsprinzipien und Technologien. Beide Fahrzeuge verfügen über äußerst kompakte Abmessungen und erlauben in den logistisch relevanten Bereichen die Verwendung identischer Komponenten. Das Sonderfahrzeug DINGO 2 6x6 (Fahrgestell von der Baureihe 437.4, UHE) ist ein hochgeländegängiges Bergefahrzeug.

Sicherheit durch Panzerstahl und Verbundwerkstoffe. Dazu: Cockpit wie in einem Flugzeug

Produktionsmatrix DINGO 2 mit Fahrgestell U 5000

Dingo 2 4x4 von KMW

Typ	Bm	Fahrgestell	PS	Details
Dingo 2	460 461	U 5000 UHN ab 2013 UHE	218 (306)	Gepanzerter Aufbau KMW
Dingo 2	465 466	U 5000 UHN ab 2013 UHE	218 (306)	Gepanzerter Aufbau KMW

Dingo 2 zu Gast im Unimog-Museum

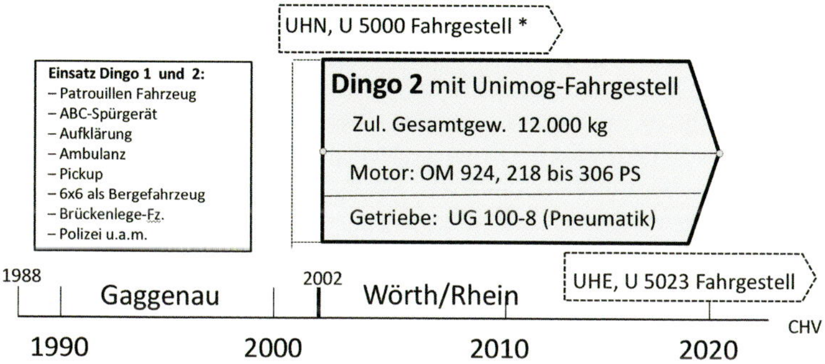

*) Vor dem UHN-U 5000 kam kurzzeitig das U 1550 L Fahrgestell für den Dingo 1 zum Einsatz

Havarierte Fahrzeuge in der Gewichtsklasse von 14 Tonnen können mit Hilfe des DINGO 6x6 (Foto unten) unter Gefechtsbedingungen ohne Zeitverlust geborgen und abgeschleppt werden. Der DINGO 2 6x6 mit 306 PS ist mit einer hydraulischen 10 t-Bergewinde mit Planetengetriebe, Trommelkupplung sowie Seilbremse und Schlepptraverse ausgestattet. Im Unterschied zu herkömmlichen Bergefahrzeugen kann er durch seine Hochgeländegängigkeit und flexible Mobilität problemlos Patrouillen- und Konvoi-Fahrten in den Einsatzgebieten folgen.

Dingo 2 6x6, mit Unimog 5023-Fahrgestell (UHE)

Höhenrekord

Der Unimog 5023 auf »Höhenflug«

Ein Spezialistenteam, unter der Leitung von Matthias Jeschke, hat in Chile mit zwei Mercedes Unimog, Typ U 5023 den Höhenweltrekord mit 6.694 Meter auf dem Vulkan Ojos del Salado für Radfahrzeuge aufgestellt. Die Gelände-Lkw von Mercedes-Benz kletterten auf fast 7.000 Meter Höhe.

Anderthalb Jahre hat die Vorbereitung gedauert – dann startete Mitte November 2019 ein zehnköpfiges Spezialistenteam von EXTREM EVENTS – acht Männer und zwei Frauen und mit im Team Daniel Müller, Werkstattmeister des Unimog-Museums – nach Chile und in die Atacama-Wüste, um dort in der Umgebung des Vulkanbergs ein System von vier Notfunkeinheiten in den Höhenlagern des Berges zu installieren – und den Höhenweltrekord mit einem Fahrzeug zu knacken.

Die beiden U 5023, Typ UHE, wurden für die Aufgabe speziell aufgerüstet. Das betrifft unter anderem die große, 300 kg schwere Ballon-Geländebereifung, die mit wenig Bodendruck eine hohe Traktion gewährleisten. Außerdem erhielten die Fahrzeuge starke Seilwinden installiert, um sich gegenseitig unterstützen zu können. Spezielle, verstellbare Ausleger an der Front, die mit einem schweren Ersatzrad bestückt werden können, sollen den Schwerpunkt bei extremen Steilfahrten nach vorne verlagern und so verhindern, dass der Unimog an Steigungen nach hinten überkippt. Insgesamt waren an den beiden Unimog nur kleinere Modifikationen.

Aus- und umgerüstet wurden die Unimog U 5023 von Mitarbeitern des Unimog-Museums, Ingenieuren aus der Unimog-Entwicklung sowie dem Aufbau-Spezialisten AS Söder. Der Unimog U 5023 ist mit dem OM 934-Dieselmotor ausgerüstet, der in seiner hiesigen Euro-6-Abstimmung 230 PS leistet und dabei ein Drehmoment von 900 Newtonmeter erreicht. Der Hubraum des Vierzylinders liegt bei 5,1 Liter. Mit an Bord das bewährte und stark untersetzte Unimog-Getriebe UG 100 aus Gaggenau mit 16 Vorwärtsgängen. In den extremen Höhen, in denen das Team unterwegs war, sinkt die Motorleistung wegen des verringerten Sauerstoffgehalts der Luft jedoch drastisch. Der einschlägigen Motoren-Literatur kann man hierzu entnehmen, dass in genannter Höhe mit Diesel-Fahrzeugen eine Leistungseinbuße von über 50 Prozent das Fahren erschwert.

Für sämtliches Expeditionsequipment wurden die beiden hochgeländegängigen Unimog im Sommer 2019, in der Werkstatt des Museums von Werkstattleiter Daniel Müller mit weiteren Experten, für die Expedition umgebaut und angepasst.

Dies betraf unter anderem: Spezialausrüstungen, die vier Notfunkeinheiten, Satellitentechnik, Essensvorräte und Getränke für fünf Wochen, 1.800 Liter Frischwasser, 1.500 Liter Dieselkraftstoff, 600 Liter Benzin sowie Ersatzreifen. Nachdem das Expeditionsziel, die Errichtung einer Notrufeinrichtung am Ojos del Salado in Chile, erreicht war, wandte sich das restliche Team aus sieben Personen einem weiteren Meilenstein zu: dem Höhenweltrekord für Radfahrzeuge. Nach Überprüfung und Übertragung der GPS-Daten, Fotos, Videos und des Navigationsskripts sowie die Eintragung dieser Daten in Höhenkarten des Ojos del Salado, besteht kein Zweifel daran, dass es dem Team abends am 13. 12. 2019 gelungen ist, mit den Unimog U 5023 am Ojos del Salado, eine bestätigte Höhe von 6.694 m anzu-

fahren. Das entspricht dem neuen, absoluten Höhenweltrekord für Fahrzeuge! Selbst für normale Hubschrauber ist die Höhe, wegen der geringen Luftdichte, nicht mehr zu schaffen. »Noch nie zuvor waren zwei Trucks gleichzeitig in einer solchen Höhe und das bedeutet einen Doppelrekord«, schreibt Jeschke. Somit gipfelte das Projekt »in einem ultimativen Höhenweltrekord für Radfahrzeuge allgemein«. Mit Erreichen der 6.694-Meter-Marke hätten sie auch den 4x4-Pkw-Höhenrekord aus dem Jahr 2007 eingestellt.

Den unwirtlichen Weg zur hochgeländegängigen Auffahrt zum Vulkan schafften sich dank der hervorragenden Technik die beiden Unimog selbst.

Ab 6.000 Meter wurde jeder weitere Meter zur körperlichen Belastung, denn wie beim extremen Bergsteigen üblich, musste permanent die optimale Route bestimmt werden. Oftmals waren es Felsbrocken, die unter Zuhilfenahme der Bordseilwinde oder mit Brecheisen beseitigt wurden. Und dies bei wenig Luftsauerstoff zum Atmen sowie minus 25 Grad. Auch die vereisten Böden und Steine brachten das Team immer wieder in schwer einschätzbare Situationen. »Außer zwei abgefrorenen Nervenenden, an zwei Zehen, blieb alles heil«, so Weltrekordler Daniel Müller, Jahrgang 1985.

Daniel Müller, Werkstattchef des Unimog-Museums, auf dem Weg zum Weltrekord. Die 300 Kilogramm des Ersatzrades an der Front verbesserten die Traktion an der Vorderachse.

linke Seite oben:
Selbst extreme und steinige Steigungen sind kein Problem.

linke Seite unten:
Auf diesen Böden wurde der Reifendruck auf 0,2 bar abgelassen

Oben am Ziel angekommen, polterte und fauchte angsteinflößend der Vulkan in vollen Zügen. Der permanente und hochgradige Schwefelausstoß vermischte sich mit der restlichen Atemluft und machte das Atmen sehr schwierig. Nimmt man alle Details zusammen, auch die der Abfahrt vom Vulkan, so kommt man zum Schluss, dass nur ein Unimog dieser Klasse solche hochgradigen Bergsteigertouren schafft.

Fotos: Matthias Jeschke und Daniel Müller

Off-road Unimog.
Built for extremes.
EXTREM EVENTS – MATTHIAS JESCHKE

Off-road Unimog
Built for
ALLIANCE
ZAGRO Group
buch bild
Panasonic
WARN
ALLIANCE

Impressum

Verantwortlich: Martin Distler, Lothar Reiserer
Redaktion, Satz und Layout: alpha & bet VERLAGSSERVICE, München
Schlusskorrektur: Ralf J. Klumb | The Wordworms
Einbandgestaltung: Ralph Hellberg
Herstellung: Anna Katavic
Printed in Slovenja by Florjancic

Alle Angaben dieses Werkes wurden sorgfältig recherchiert und auf den neuesten Stand gebracht sowie vom Verlag geprüft. Für die Richtigkeit der Angaben kann jedoch keine Haftung übernommen werden.

Die Deutsche Nationalbibliothek verzeichnet diese Publikation in der Deutschen Nationalbibliografie; detaillierte bibliografische Daten sind im Internet über http://dnb.d-nb.de abrufbar.

Infanteriestraße 11a,
80797 München
ISBN 978-3-96453-247-3

Quellennachweis

Die Informationen und Fotos zu diesem Buch stammen in erster Linie aus Unterlagen der Daimler AG, dem Daimler Archiv in Stuttgart, dem Unimog-Fotoarchiv der Daimler AG in Gaggenau, dem Archiv der ehemaligen Unimog-Heft'l Redaktion des Autors und aus privaten Archiven. Ergänzt wurden die Informationen aus den unten aufgeführten Büchern, Broschüren und Artikeln aus Zeitschriften sowie dem Internet.

- Ralf Maile, Unimog – Weltweit im Einsatz, Verlag Klaus Rabe
- Ralf Maile, 40 Jahre Unimog, Modell-Auto Zeitschrift
- Gisbert Hindennach, Unimog im Gelände, Eigenvermarktung
- Carl-Heinz Vogler, Das Unimog-Typenbuch, Verlag GeraMond
- Carl-Heinz Vogler, U 411, Typengeschichte und Technik, Verlag GeraMond
- Unimog-Club Gaggenau, Sonderausgaben U 2010, U 411, U 406, U 421, Unimog-S
- Carl-Heinz Vogler, Unimog-Heft'l Nr. 1 bis Nr. 75, Unimog-Club Gaggenau
- Carl-Heinz Vogler/Heinz Schnepf, Unimog-Typenkunde-Manuskripte, Unimog-Club Gaggenau
- Unimog-Werkstatthandbücher, Daimler AG

Bildnachweis

Ralf Maile, Thomas Lunte, Werner Vögele, Patrick Brauch, Sammlung Vogler, Jörg Hornikel, Daimler AG, Claudio Lazzarini, Unimog-Museum, Firma MEREX, Roland Feix, Prospekte Daimler AG, Logistikschule der Bundeswehr

Danksagung

Mein Dank für die Informationen, Korrekturen und Tipps für dieses Buch geht an Werner Vögele, Ralf Maile, Claudio Lazzarini, Heinz Schnepf†, Roland Feix, René Dusseldorp, Roland Bandusch, Christian Gelloz, Daniel Müller und Roland Kaufmann.